모발 & 두피관리학

전세열 · 조중원 · 송미라 · 강갑연
이부형 · 윤정순 · 유미금　공저

Hair and Scalp management

光文閣
www.kwangmoonkag.co.kr

머리말

　예로부터 두발은 사람의 품위와 지위 등을 상징했고, 미적 인상을 돋보이게 하여 늘 관심의 대상이 되어 왔다. 과학문명의 발달과 경제 성장으로 풍요로워진 현대 사회에서 건강과 아름다움에 대한 관심은 더욱 고조되고 있다.

　그러나 각종 스트레스와 식생활의 변화 등으로 탈모가 되는 현상이 30대 젊은층까지 파급됨에 따라, 모발 및 두피 관리는 의료보건의 개념으로 접근되고 있다. 이러한 시대의 흐름을 반영하여 많은 대학에서 전공 과정이 개설되었으며, 탈모 처방과 치료를 위한 산업 또한 날로 활성화되고 있다. 탈모와 두피 관리에 연관된 학과는 많고 시장은 커지는데 비해 체계적으로 정리된 전공 서적은 찾아보기 힘든 실정이다. 그것을 안타깝게 생각한 교수들이 뜻을 모아 이 책을 집필하게 되었다.

　이 책의 특징은, 각 분야별로 산만한 미용 지식의 핵심을 엄선하여 총 7장으로 구분하여 정리했다. 두발의 미적 감각에서부터 두피의 역할, 두피의 해부적 구조와 기능, 탈모가 생기는 조건, 효과적인 탈모 관리에 이르기까지 전공자가 필수적으로 알아야 할 내용을 요약하고, 이해를 돕기 위해 도표와 그림을 삽입하여 학습 효과를 높이고자 하였다.

　최근에 모발 관리 신제품, 기기들이 홍수같이 출시되고 있고, 양모제 및 탈모 예방의 대체 요법들이 많이 소개되고 있다. 그것에 대비할 수 있는 지식과 응용 방법에 대해서도 명쾌하게 서술하려고 노력하였다.

　이 책이 두피 모발을 공부하는 학생들에게 유용한 지침서가 되었으면 하는 것이 저자들의 바람이다. 끝으로 이 책이 출간하기까지 협조해 주신 광문각출판사 박정태 사장님과 임직원 여러분께 깊은 감사를 드린다.

2006년 8월
저자 일동

차 례

Chapter 1 모발(Hair)

차례

Chapter 3 두피 및 모발을 위한 피부학

Chapter 4 두피 모발 관리를 위한 해부생리학

차례

Chapter 5 모발 영양학

차례

Chapter 6 모발 관리

Chapter 1

모발(Hair)

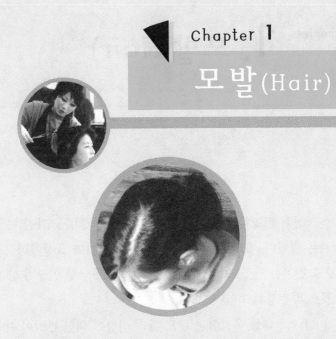

Hair and Scalp management

chapter 1. 모발(Hair)

모발을 산과 비교하면 머리는 산이고 두발은 생명을 가진 나무이며 두피는 산등성이의 흙과 같은 것이다. 모발은 외모의 중요한 상징이며 표상이다. 그러나 실제 우리나라에서 탈모로 고민하는 인구도 약 1000만 명 수준으로 남성 인구가 650만 명, 여성 인구가 350만 명인 것으로 추정되고 있다.

연간 8천억원대를 육박하는 탈모 관리 시장에 대한 관심이 갈수록 높아지고 있다.

특히 그동안 일선 피부과와 전문 관리센터 등에서 관심을 갖고 진행해 온 탈모 관리와 두피 관리에 대한 관심이 한의사와 미용사, 피부미용사 들에게까지 미쳐 탈모와 두피 관리 시장을 둘러싸고 웰빙시장에 각축전이 벌어지고 있다.

최근 미용실과 피부미용실은 물론 한의원에 이르기까지 불황 탈출을 위한 아이템 개발이 시급하다. 이 문제는 그 동안 남성들만의 문제로 여겨지던 탈모가 여성들에게도 심각한 문제로 받아들여지면서 미용실 등에 탈모와 두피 관리를 의뢰하는 여성 고객들이 크게 늘고 있다.

모발의 아름다움을 결정하는 요소는 모발 그 자체가 가지고 있는 건강한 아름다움이라 할 수 있는 소재미(素材美)와 헤어스타일인 아웃라인(out line)형태미로 헤어 컬러(색채미)가 있다. 모발의 근본적인 아름다움은 모발 자체가 가지고 있는 아름다움일 것이다. 모발이 건강하지 못하거나 모발 자체가 없는 대머리라면 어떠한 스타일도 컬러의 변화도 시도할 수가 없다. 여기서 헤어 케어의 근본적인 목적은 모발의 건강미를 추구하는데 있다.

1. 두발과 두피의 외모

1) 두발과 미적 감각

예로부터 머리는 미인이라면 갖추어야할 구색〔九色(三黑, 三白, 三赤)〕 중의 한 가지는 갖추어야 한다. 몸이 건강해야만 머리카락 또한 탐스럽고 매력적으로 자란다. 군데군데 빠지고 끊어지고 갈라져서 까치집같이 된 머리채를 보면 좋지 않은 건강 상태를 알아낼 수도 있다. 과연 머리는 왜 빠지며, 머리가 빠지는 것을 보고 어떻게 하면 탈모를 예방할 수 있는지 파악하는 것이 중요하다.

성인 남녀에게 있어서 머리카락(두발)의 역할은 머리카락 은 미모의 상징이라고 할 수 있다. 에로틱한 매력을 발산하기도 하고 혐오스러운 느낌이나 거리감을 느끼게도 한다. 두발은 건강 상태와 모양에 따라 독립된 개성을 부여해서 개개인의 인상을 좌우하기도 한다. 두발의 장식적인 면에서도 헤어(hair)는 남성, 여성의 특징을 나타내는 중요한 역할을 하며, 같은 사람이라도 헤어스타일과 헤어 컬러를 표현하는 것만으로도 다른 인상을 줄 수 있다. 고대 이집트 시대에서도 모발은 미(美)의 상징으로서 그 시대에 가장 아름다움을 내세울 수 있는 유행의 머리 모양과 머리 색깔이 있었음이 알려져 있다. 인종과 지역에 따라 모발의 색이 다르며 멜라닌 색소의 양에 따라 다르게 나타난다.

[표 1-1] 모발의 색과 멜라닌과의 관계

모발의 색	유멜라닌	페오멜라닌
흑색	수도 많고 형태도 크다	미량
밤색	수와 형태도 중간이다	적음
적색	수와 형태가 작다	중간
금발	미량	많음

머리털은 정확하게 두발이라고 해야 맞는 말이다. 또 두피는 머리털이 나서 자라는 머리 부분의 피부를 말한다. 즉, 머리털 밑 부분의 피부이다.

우리 머리의 앞면은 이마, 코, 눈, 눈썹, 입술, 양볼, 인중, 턱으로 구성되어 있다. 옆면은 머리털과 두피와 귀로 구성돼 있으며 윗면과 뒷면은 두피와 머리털로 조직되어 있다. 그 중에서 가장 넓은 면적을 차지하고 있으면서 머리의 체온을 알맞게 조절해 주고 있다. 두 발의 외부는 위로부터 소중한 두뇌를 보호하는 두피와 머리카락을 잘 관리해야만 된다.

두피와 얼굴의 경계선을 구별하는 기준은 이와 같다. 이마와 머리를 구별하는 방법으로 는, 눈을 위로 치켜떴을 때 주름살이 잡히는 곳이 이마이고, 주름이지지 않고 긴장된 피부 는 두피(頭皮)라고 보면 된다. 여기서 두피의 외형 구조를 살펴보면 아래와 같다.

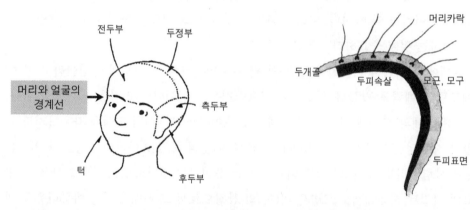

[그림 1-1] 머리와 얼굴의 경계선 모형도   [그림 1-2] 두개골과 두피의 단면도

2) 두피의 역할

건강한 두피는 연한 살색 혹은 연한 청백색의 투명한 톤을 유지하고 있다. 두피의 주변으 로는 윤곽선이 뚜렷한 모공에 땀샘이 있어 원활한 분비물의 분비를 돕고, 외부로부터의 영 양분 흡수 기능을 가능하게 만들고 있다. 여기서 모발의 중요성을 살펴보면 아래와 같다.

① 신체의 보호, 보온, 촉각 등의 기능
② 외부로부터 무엇인가의 마찰을 할 때 쿠션의 역할

③ 직사광선과 추위와 더위로부터 머리를 보호하는 역할

④ 머리를 보호하는 것 뿐만 아니라 신체에 필요 없는 수은, 비소, 납 등의 중금속을 흡수하여 체외로 배설하는 기능

이렇게 모발은 생성뿐만 아니라 생명 유지에 있어서도 중요한 작용을 하고 있다.

3) 두피의 해부적 구조와 기능

(1) 두피의 해부적 구조

두피는 매우 조밀한 신경 분포를 갖고 있다. 각각의 모상(毛狀)은 피부의 심층부에서 솟아오른 5~12개의 신경섬유를 갖고 있어 머리카락을 매개로 하여 감각을 느끼게 한다. 두개골막에 의하여 두개골을 싸고 있는 두피는 외피(표피와 진피로 구성), 두개피, 두개피하조직의 3개 층으로 구성되어 있다. 두개골막은 얇은 섬유상으로 뼈에 얇게 유착되어 있다.

① 외피(common integument) : 동맥, 정맥 신경의 가지가 분포

② 두개피(scalp) : 두개골(skull)을 둘러싸고 있는 근육과 연결되어 있는 신경 조직인 결막

③ 두개피하조직(cranium hypodermis) : 지방층이 없으며 얇고 이완된 층으로 쉽게 갈라진다. (나이가 들수록 이 조직은 이완된다.)

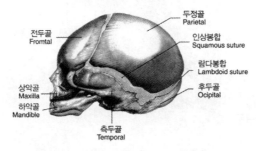

[그림 1-3] 뇌두개골과 안면골

(2) 두피의 종류와 특성

두피는 표피(epidermis), 진피(dermis), 피하조직(sub cutaneous tissue)으로 구성되어
있으며, 가장 바깥 조직이 표피이다. 표피는 신체의 민감한 조직을 손상 받지 않도록 보호
해 주는 기능을 수행하는데, 이와 같은 기능은 케라틴(keratin)이라는 물질로 구성되었기
때문이다.

진피는 표피의 아래쪽에 있는 내층으로 매우 민감한 관 모양의 결합 조직 층이다. 진피
는 두 개의 층으로 되어 있는데, 하나는 진피의 표층인 유두층(papillary layer)이고, 다른
하나는 심층인 망상층(reticular layer)이다. 유두층은 표피 바로 아래에 있으며, 모발은 모
표피, 모피질, 모수질의 3층으로 구성되어 있다.

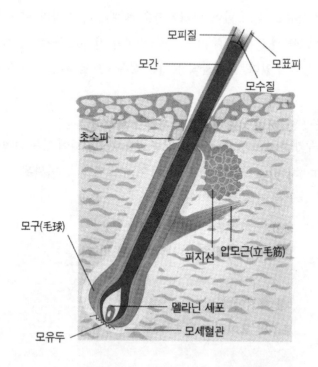

[그림 1-4] 두피와 모포의 주변

[표 1-2] 두피의 종류와 특징

두피 종류	특 징	모 형
정상 두피 (Normal Scalp)	두피의 모든 생리작용이 정상적인 피부이다. 피부가 부드럽고 탄력이 있다. 항상 표면이 촉촉하고 피지 분비량이 적당하며 계절 변화에 민감한 피부다.	
지성 두피 (Oily Scalp)	피지분비가 많고 불결해지기가 쉬우며 모공이 많이 열려 있는 피부이다. 대개 젊은 계층에 많다.	
건성 두피 (Dry Scalp)	피지분비량이 적은 피부로써 수분 부족으로 두피가 지나치게 건조해지거나 두피 표면에 비늘 증상이 생긴다.	
복합성 두피 (Combined Scalp)	두피 상태가 부위별로 일정하지 않고 혼합된 피부를 말한다.	
민감성 두피 (Sensitive Scalp)	외부 물질에 과민 반응을 나타내는 두피로써 주로 가렵고 따끔거리기도 한다. 또 발진이나 홍반 등이 나타난다.	
모낭염으로 감염된 두피	모낭충이 모낭에 침투해 모근에 있는 영양분을 제거하고 모발 사이클을 성장기에서 휴지기로 변모시키며, 염증을 유발되어 나타난 피부를 말한다.	

2. 모발의 구조와 성장 과정

1) 모발의 구성

모발은 털〔毛〕과 모낭(毛囊), 그리고 모유두(母乳頭), 부속 기관으로 구성되어 있다. 먼저 털(hair)의 구조를 보면, 털은 피부 밖으로 나와 있는 부분과 피부 속에 들어 있는 부분으로 나뉘어 진다.

피부의 모공(毛孔) 밖에 있는 부분을 모간(毛幹)이라 하고, 피부 속에 있는 부분을 모근(毛根)이라 한다. 피부 속에 매몰된 모근은 하단이 양파 뿌리처럼 커져 있어 이 부분을 모구(毛球)라 부르며, 모구의 하단은 가운데가 함몰되어 있어, 모유두를 에워싸는 형상을 하고 있다.

모구의 하반부는 모모(毛母), 혹은 모모기(毛母基)라 하여 모발이 생성되는 곳으로, 여기에서 만들어진 모발은 모구의 위쪽 병목 같은 부위에서 각화(角化)한다. 이 부위를 각화대(角化帶)라고 한다. 털의 뿌리가 최초로 생기는 모습은 피부 표피에 세포가 모이고, 따라서 그 부위의 표피 밑이 불룩하게 융기가 생긴다.

원시모아가 뚜렷해 지면, 그 주위에 간엽세포(間葉細胞)가 모이고, 이 간엽세포가 후에 모유두(母乳頭)를 형성한다. 원시모아는 자라면서 표피에서 진피로 내려간다. 즉, 피부 속을 뚫고 밑으로 내려간다.

이같이 원시모아가 피부 속을 뚫고 내려가는 것을 모전(毛栓) 또는 모항(毛肬)이라 하고, 이 시기를 모항기(毛肬期)라 한다. 원시모아는 이 모항기에 피부 속을 내려가면서 모발 뿌리의 모습을 차츰 갖추어 나간다.

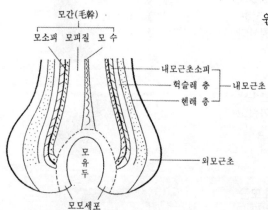

[그림 1-5] 모발 뿌리의 구조

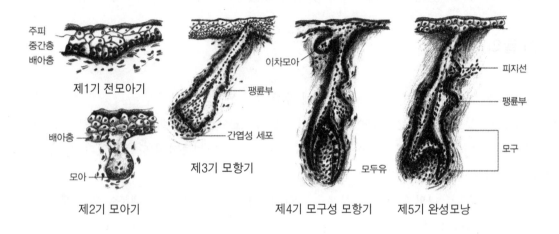

주피
중간층
배아층
제1기 전모아기

배아층

모아

제2기 모아기

팽륜부

간엽성 세포

제3기 모항기

이차모아

모두유

제4기 모구성 모항기

피지선

팽륜부

모구

제5기 완성모낭

[그림 1-6] 모낭의 형성 과정

모아가 계속 내려가면서 하단이 양파 뿌리처럼 굵어져 모구(毛球)를 이루고, 모구의 하단 중앙부는 함몰하면서 점차로 세포층이 이 속에 모유두를 에워싸고 모모기(毛母基)를 형성한다.

모모기에서는 모모세포가 분열하여 모발을 만든다. 이같이 모모에서 분화하여 최초로 모발의 형태를 이루는 것을 모추(毛錐)라 하고, 이 모추를 상피세포가 둘러싸는 것이 모낭의 내모근초(內毛根鞘)가 된다. 또 색소세포가 나타나서 모발의 색소를 형성한다.

두피 조직은 단순히 두개골을 감싸고 있는 것뿐만 아니라 모발의 성장 및 피부의 영양에 필요한 영양분을 외부로부터 흡수하는 기능을 지니

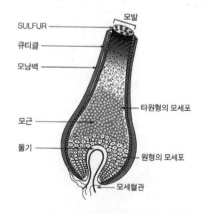

SULFUR
큐티클
모낭벽

모발

타원형의 모세포

모근

돌기

원형의 모세포

모세혈관

[그림 1-7] 모모기세포의 분화

고 있다. 두피의 영양분 흡수 경로는 두피 세포 자체에서 흡수하는 경우와 두피 세포 사이를 통하여 흡수되는 경우, 그리고 모공 및 한선 등을 통하여 흡수되는 경우가 있다.

2) 털의 구조

털은 몸 전체에 분포되어 있으나 머리에 가장 많이 분포하고 있다.

모발 중 눈으로 보이는 부분이 모간이다. 모간은 모수질, 모피질, 모표피의 3층으로 되어 있다. 두피의 아래층에 모근이 있으며, 모근은 표피시 진피층까지 도달해 있다. 또한 모근은 모낭에 둘러싸여 있다.

피부 표면으로 나와 있는 털의 부분을 모간(毛幹)이라고 하며, 피부 내부에 있는 부분을 모근(毛根)이라고 한다. 모근의 밑둥은 팽윤되어 있는데, 이것을 모구(毛球)라고 한다. 모구는 하부(下部)가 우묵하게 들어가 있으며, 그 곳에는 털의 영양을 관장하는 혈관이나 신경이 들어 있다. 이 것을 모유두(毛乳頭)라고 한다.

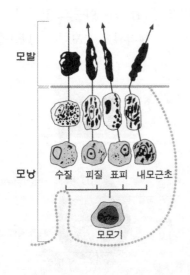

[그림 1-8] 모낭의 발생

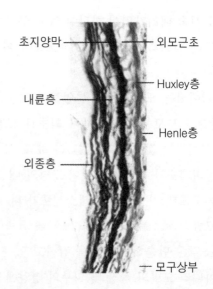

[그림 1-9] 모 조직 상부의 결합섬유

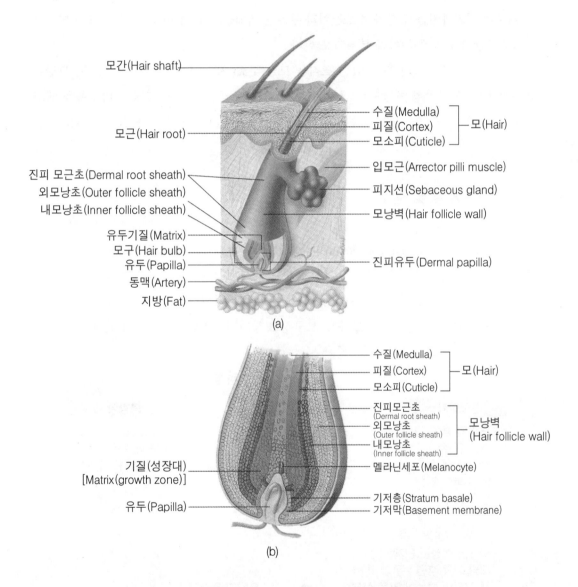

그림 1-10 모발의 구조

각화대 위에서 모공까지의 모근은 피부 밖에 나와 있는 모간과 성상(性狀)이 사실상 같기 때문에 여기까지를 포함하여 모간이라 부르는 학자도 있는가 하면, 이 부위를 구별하여 모낭내모간(毛囊內毛幹)이라 부르기도 한다.

모근이 겉을 칼집같이 싸고 있는 조직을 모낭(毛囊) 또는 모포(毛包)라고 한다. 모낭은 표피성 모낭과 진피성 모낭으로 구분된다. 진피성 모낭은 표피성 모낭의 바깥쪽을 싸고 있으며, 표피성 모낭의 가장 안쪽은 털의 모표피(毛表皮)세포와 치아 모양으로 서로 맞물려 있다.

3) 모발의 생성 및 성장

모발은 최초로 모낭(hair follicle)이 만들어졌을 때 발생이 시작되고 모낭을 구성하는 세포는 표피의 기저층에서 유래된 것이다. 표피는 태생 초기 6~7주에 1층의 세포 배열이 생기며 수개월 후 배아층, 중간층, 주피층의 3개 층으로 분화된다.

모낭 형성 과정은 전모아기, 모아기, 모구성 모항기의 3과정으로 거치게 된다.

[표 1-3] 모낭의 형성 과정

전모아기	모아기	모항기
- 모아의 형성 개시 단계 - 배아층 세포와 주피의 2층으로 구성	- 배아층이 진피층에서 침입한 단계 발달 - 발달된 중간층 세포가 배아층 세포 속으로 진입	- 이후에 유두가 될 간엽성 세포 집단이 형성된 단계

모구성 모항기
- 모구가 형성된 단계 - 모낭 기둥 후면 : 두 개의 세포 집단이 부풀어 있음 상부는 피지선의 근원이 되고 하부는 팽륭부로 후에 입모근이 부착된 장소임

➡ 모낭의 완성

(1) 모근부의 구조

① 모낭(Hair Follicle)

모발은 모낭에서 만들어지며, 밖으로 나온 모간(hair shaft)과 피부 속에 묻혀 있는 모근 (hair root)으로 구성한다. 모낭은 머리털이 자라는 주머니같이 생긴 막으로, 모낭의 깊이 는 탈모가 될 때 두피 표면 가까이로 이동한다.

[표 1-4] 모근부 구조 및 특성

구분	특성
모낭	모발이 모유두에서 모공까지 도달 할 수 있도록 보호
모구	모낭의 아래쪽에 전구 모양, 모발 성장에 관여한다. 모기질 세포와 멜라닌 세포로 구성되며 표피의 배아층에 해당한다.
모유두	영양분을 모세혈관으로부터 받아서 모모세포에 전달 주변에 모세혈관 및 신경이 분포 되어 있다. 성장기에는 모낭과 붙어 있으나 휴지기에는 모낭과 분리
피지선	모발 생성 과정에서 가장 먼저 생성한다. 남성 호르몬과 관련 깊고 신경의 지배는 받지 않음 모발의 살균, 중화, 모표피의 보호 및 광택 기능을 한다.
입모근	모낭벽에 붙어 있음 수축 시 모발을 수직으로 곤두세우며 피지 분비 촉진 눈썹, 속눈썹, 코 등에 존재하지 않음

② 모구 (hair bulb)

모구는 털의 뿌리 부분의 둥근 모양으로 이 부분이 크고 튼튼하면 새 머리털이 잘 자라 고 탈모 또한 많지 않다.

① 모근의 아랫부분에 원형으로 부풀려져 있는 부분이다.
② 모세혈관, 모유두, 모모세포 등이 위치한다.

③ 모유두(hair papilla)

모구 가장 아래쪽 중심에는 모유두가 있는데, 이 속에서 새 머리털이 되는 세포가 자란다. 모유두에는 모세혈관이 거미줄처럼 망을 형성하고 있으며, 아미노산, 미네랄, 비타민 등의 영양소와 단백질 합성 효소, 그리고 산소가 공급되고 있다. 따라서 모유두의 활동이 왕성하면 모발이 건강하고 탈모가 적게 된다.

① 모세혈관과 신경이 풍부하다.
② 모발의 성장 조절 물질을 분비하여 모발의 성장을 조절한다.

④ 모기질(hair matrix)

① 실질적으로 모발을 만드는 세포, 즉 모기질 세포와 모발의 색을 나타내는 멜라닌 색소로 구성된다.
② 가장 활발한 세포 분열을 보인다.
③ 모유두와 접해 있어 성장 조절 물질의 작용을 받는다.

⑤ 모모세포(hair mother cell)

모모세포는 모유두를 덮고 있으면서 모유두로부터 영양을 공급받아 끊임없이 세포분열을 하면서 증식을 되풀이하고 있다. 모유두의 중심부에서는 모수질이 된 세포가 분열하고, 그 아포 부분으로부터는 모피질이 된 세포가 분열하며, 가장 아래 외측으로는 모표피가 된 세포가 분열하여 위로 올라간다.

① 모발의 기원이 되는 세포이다.
② 모유두 위에 접해 있는 세포층으로써 모유두로부터 영양분을 공급받아 세포가 분열된다.

[표 1-5] 모수질, 모피질, 모표피의 비교

구분	모표피	모피질	모수질
모양	죽순껍질, 기왓장 옥수수잎, 비늘	섬유다발	연필심(없는 것도 있으며, 군데군데 끊어져 있는 것도 있다)
비중	0~25%	80~90%	0~5%
멜라닌색소	없다	많다	적다
시스틴 함량	-	많다	적다
케라틴C 함량	-	많다	-
성질	강도, 연도 결정 투명, 딱딱하다. 친유성	섬유질, 친수성	-

(2) 털의 단면 구조

   털의 단면 구조는 김밥과 비슷하다. 털을 옆으로 절단했을 때 단면 구조가 어떻게 되어
있는지 살펴보기로 한다.
   머리털의 단면도도 중심부에 모수질(毛髓質)이 있고, 그 주위에 모피질(毛皮質)이 있으
며, 바깥을 모표피(毛表皮)가 싸고 있다. 말하자면 모수질은 단무지, 모피질은 밥, 그리고
모표피는 김에 해당한다.
   이와 같이 모표피는 김밥의 김에 해당하는 것으로, 털의 껍질인 동시에 옷인 셈이다. 외
관상으로 의복이 좋아야 하는 것처럼, 머리를 윤기 있고 아름답게 보이려면 모표피가 좋아
야 한다. 그러한 뜻에서 모표피는 미용상 중요하다.

4) 모발의 종류와 성장 속도

모발의 수는 전신에 약 130~140만 개 정도 되며, 이중 두피 모발이 약 10~12만 개 정도이다.

털은 개인에 따라 몸의 부위별로 수명과 성장 기간이 다르다. 모발은 3~10년을 견디며 최대 가능 길이 1.5m 정도이며, 보통 하루에 0.2~0.5mm 정도 자란다. 모발은 하루 중 낮보다 밤에 더 자라고, 가을이 겨울보다 봄이 여름보다 성장이 빠르다. 1년 중에 5, 6월에 가장 많이 자라는 시기이며, 16~24세 연령의 여성에게 특히 성장 속도가 빠르다. 여기서 65세 이상이 되면 아주 완만한 성장이 이루어진다. 모발의 수명은 영양 상태, 호르몬, 기온, 햇빛에 영향을 받는다.

나이가 들어감에 따라 '생장기-퇴행기-휴지기' 의 모발 주기를 정상적으로 순환하는 건강한 모낭의 수도 점차 감소하기 때문이다.

각 부위의 털은 성장 속도에 있어서도 차이를 보인다. 하루 평균적으로 자라는 길이는 머리카락 0.37mm~0.44mm, 수염 0.27mm~0.38mm, 겨드랑이털 0.23mm, 음모 0.2mm, 눈썹은 0.18mm 정도이다.

◈ 사람의 모발 개수와 성장 비율

- 모발의 1일 탈모량 : 약 80~100개   - 모발의 1일 성장 길이 : 약 0.3~0.4mm

- 모발의 굵기 : 약 0.08mm   - 모발의 총 수 : 약 12만 본

- 모발의 수분 함량 : 약 15% 정도(건강모 기준)   - 모발의 신장률 : 약 40~50%

- 모발 신장의 강도 : 약 140~150g

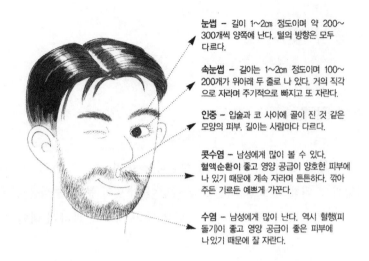

눈썹 – 길이 1~2cm 정도이며 약 200~
300개씩 양쪽에 난다. 털의 방향은 모두
다르다.

속눈썹 – 길이는 1~2cm 정도이며 100~
200개가 위아래 두 줄로 나 있다. 거의 직각
으로 자라며 주기적으로 빠지고 또 자란다.

인중 – 입술과 코 사이에 골이 진 것 같은
모양의 피부. 길이는 사람마다 다르다.

콧수염 – 남성에게 많이 볼 수 있다.
혈액순환이 좋고 영양 공급이 양호한 피부에
나 있기 때문에 계속 자라며 튼튼하다. 깎아
주든 기르든 예쁘게 가꾼다.

수염 – 남성에게 많이 난다. 역시 혈행(피
돌기)이 좋고 영양 공급이 좋은 피부에
나있기 때문에 잘 자란다.

[그림 1-11] 얼굴에 형성된 털의 종류와 위치

[표 1-6] 모의 종류와 성장 기간

모의 종류	성장 시간	모의 종류	성장 시간
수염(beard)	2~3년	미모(eve brows)	4~5개월
액와모(underarm)	1~2년	속눈썹(evelash)	3~4개월
음모(pubic)	1~2년	솜털(lanugo hair)	2~4개월

5) 모발의 종류와 특성

모발은 사춘기에서 변화가 되며 성 호르몬과 성장 호르몬의 영향을 받으며, 체모에도
다음과 같은 변화가 온다. 사춘기가 되면 먼저 음모(陰毛)와 액모(腋毛) 등 성모(性毛)가
잔털에서 굵고 검은 경모(硬毛)로 변한다. 남자는 수염이 검게 난다. 따라서 팔과 다리 등
의 다른 체모도 잇따라 경모화 한다. 모발의 성장과 변화는 나이를 따라 노년기까지 지속
되며, 특히 얼굴의 털과 머리털에 많은 변화가 온다. 이를테면 나이가 많아지면서 머리털
은 감소하고, 얼굴의 수염은 증가한다

3. 모발의 생성 및 구조

1) 모발의 생성 단계

　털은 모모세포의 분열 증식, 분화에 의해 성장하고 표피 쪽으로 뻗어 나간다. 모모세포는 모유두 모세혈관에 의해 필요한 영양을 공급받아 세포의 분열 증식을 반복한다. 따라서 모유두 및 모포를 싸고 있는 모세혈관의 발달은 털의 성장에 관하여 대단히 중요하다.

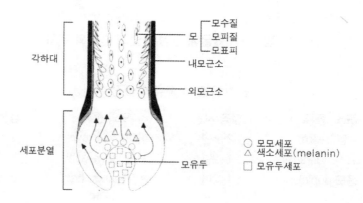

[그림 1-12] 모발의 생성 과정

　모발의 생성은 모발 형태와 각화 정도에 따라 크게 '세포분열 과정 및 조직화가 일어나는 단계'와 '모발이 점차적으로 탄력을 얻고 단단한 케라틴(Keratin) 단백질로 변화하는 각화 이행 단계', 그리고 '완전한 모발의 형태를 띠고 있는 영구모(永久毛) 단계'로 나누어진다. 모발 생성의 초기 단계인 세포분열 과정 및 조직화가 일어나는 단계에서는 모세혈관을 통하여 전달 된 영양분이 모발 재료의 창고라 할 수 있는 모유두에 저장된 이후에 모유두의 영양분은 다시 모모세포에 전달된다. 전달된 영양분은 모모세포가 자율신경의 작용을 받아 세포분열을 통하여 모발을 생성한다.

2) 모발의 성장 요인

모발의 성장 과정에서 생성된 모발은 모모세포의 세포 분열 부위에 따라 모표피, 모피질, 모수질 및 모낭층 등이 결정된다. 생성된 모발은 모공 가까이로 밀려 올라가며, 모구부와 피지선 아래 부위에 존재하는 각화 이행부를 거치는 과정을 거친다.

① 인체의 모낭은 호르몬 외 성장 요소에 의하여 영향을 받는다.
② 모발의 성장은 진피로 구성된 모두유 세포와 표피로부터 유래한 모기질 세포의 상호 긴밀한 작용에 의해 이루어진다.
③ 모두유 세포가 모발의 성장을 자극하는 기전은 모유두 세포 및 모유두에 있는 세포 외 기질과 모기질 세포의 접촉에 의한 직접 자극과 모유두 세포에서 성장 인자를 분비하여 이들이 모기질 세포의 증식을 자극하는 두 가지로 설명할 수 있다.
④ 모발의 성장기에 모유두에는 콜라겐과 다양한 당단백질이 많아진다. 이러한 모낭 내 세포 외 기질(ECM) 물질들은 모발이 휴지기에 들어가면서 감소한다. 모낭이 성장하고 휴식을 취하는 동안 나타났다가 사라지는 이러한 물질들이야 말로 모발의 성장에 직접적으로 관여하는 성장 인자라 할 수 있다.

3) 모간부의 구조와 특성

모발은 두피를 기준으로 두피 밖의 모간부와 두피 안쪽의 모근부로 나눌 수 있다. 모간부의 경우 세포 분열을 하지 않는 죽은 세포인데 비해, 모근부는 세포 분열이 왕성하게 이루어지는 핵이 있는 세포이다.
모발은 손톱과 같이 피부 표면의 각질층이 변화하여 만들어진 것으로 피부 표면에 나와 있는 표피 부분과 모발 속의 모근으로 나누어진다. 모근의 아래 끝에는 모구라는 부분이 있어서 거기에 모세혈관이나 신경이 분포되어 있는 모유두가 있는데, 이 부분이 털의 영양이나 발육 등에 중요한 역할을 한다.

(1) 모간부의 구조

일반적으로 모발의 횡단면에는 3개의 상이한 형태의 세포가 관찰되고 있다. 최외층의
세포는 모표피라 부르고, 모발섬유를 둘러싼 비교적 두꺼운 보호막을 형성하고 있으며, 모
표피는 모발섬유의 대부분을 차지하고 있는 모피질세포를 둘러싸고 있다. 제3의 형태인
세포는 모수질이라 부르고 있다.

[표 1-7] 모간부의 구조 및 특성

구분	구조 및 특성
모표피(큐티클)	모발의 제일 바깥쪽에 자리잡고 있어 외부의 환경으로부터 작용을 가장 먼저 받는 곳이다. 비늘 모양의 죽은 세포가 5~15장 정도 겹겹이 쌓여있다. 반 투명막을 하고 있어 우리가 눈으로 보았을 때 모발의 색을 구분할 수 있다.
모피질(콜텍스)	표피와 수질의 가운데 부분에 있으며 모발의 80%를 차지한다. 모발의 탄력, 강도, 질감, 색상 등 모질에 관계가 있다. 또 멜라닌 색소를 함유하고 있어서 모발의 색을 결정 짓는다.
모수질(메듀라)	모발의 중심부에 위치하며 경모에는 있지만 연모에는 없다. 수질의 유무에 의해 모발의 굵기가 결정된다고 할 수 있다.

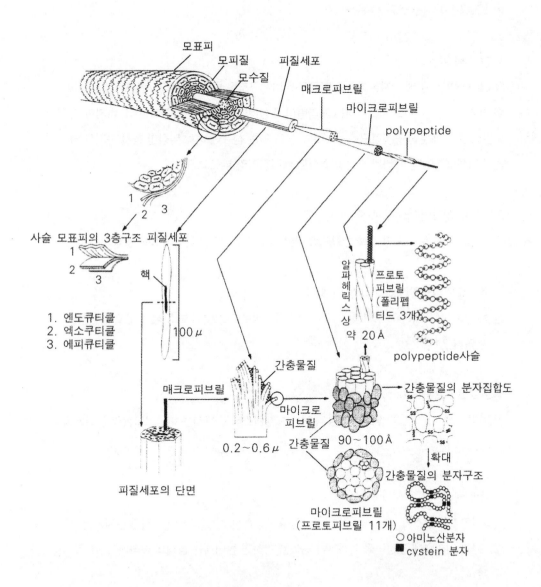

[그림 1-13] 모발의 미세구조

◈ 모발의 미세구조와 섬유상

1. 간층 물질(matrix)

황(S)이 많기 때문에 전자현미경을 이용하여 미세구조를 밝힐 수 있다. 섬유와 섬유 사이를 연결시키는 시멘트 역할을 하는 케라틴이 주성분이며 시스틴 함량이 높다. 하지만 아미노산의 분자 배열이 규칙적으로 올바르게 되어 있는 섬유에 비해 일정한 형을 가지고 있지 않기 때문에 부정형 케라틴 또는 비결정형 케라틴이라 부르고 있다.

2. 매크로 피브릴(Macro fibril) 거대 섬유

직경 0.2~0.5㎛로 세포가 장축 방향으로 나열되어 있으며 간층 물질에 의해 접착되어 있다.

3. 마이크로 피브릴(Micro fibril) 미세 섬유

반경은 약 1000~4000Å, 직경은 70Å이며 마이크로 피브릴의 보조 섬유 구조 나선상으로 늘어져 있다.

4. 프로토 피브릴(Proto fibril) 원섬유

직경 약 20Å, 길이 200Å로 한다발 내에는 a-헬릭스라고 불리는 이중코일상의 폴리펩티드 3개가 나선형으로 꼬여져 있다.

5. 알파 케라틴(α- Keratin)

케라틴은 2차 구조가 다른 머리털이나 양털을 구성하는 자연 상태의 케라틴 분자가 알파 케라틴과 머리털에 인장력을 가하거나 습기를 가하면 늘어나는 상태의 베타케라틴으로 구분한다.

모표피는 3겹의 상표피와 세포 간층 물질로 이루어져 있다. 따라서 큐티클세포도 3겹의 층으로 나누어진다. 섬유 바깥쪽부터 시스틴 함량이 많고 화학적 저항성이 높은 층인 에피큐티클(epicuticle)과 중간층인 엑소큐티클(exocuticle), 그리고 내층으로서 피질(cortex)과 인접한 엔도큐티클(endocuticle)로 되어 있다.

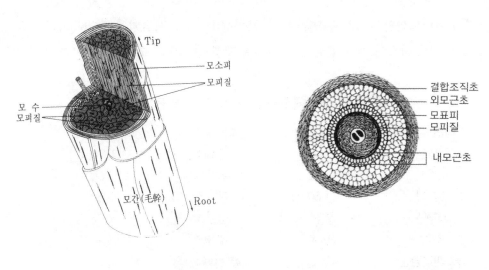

[그림 1-14] 모의 단면도   [그림 1-15] 모발의 횡단면

(2) 모발의 화학적 성분

모발의 주요 성분은 케라틴(keratin)이라는 단백질이다. 케라틴은 강한 것이 특징으로 보통의 단백질과는 달리 부패되지 않고, 여러 가지 화학 약품에 대하여 저항력이 있으며 물리적인 강도와 탄력이 크다. 모피질, 모수질 가운데에는 멜라닌 색소가 단백질과 결합하여 멜라닌 과립이 되어 존재하고 있다.

그 외에도 모발은 멜라닌(melanin), 지질(lipid), 수분(water) 미량원소로 구성되어 있다. 모발을 태우면 특이한 냄새가 나는데, 이것은 모발에 많은 유황을 함유하고 있기 때문이다.

4) 모발에 함유된 아미노산 종류와 비율

　　모발 성분의 대부분은 케라틴 단백질로 구성되어 있으며, 그 외에 멜라닌 색소, 지질, 미량원소, 수분 등으로 구성되어 있다. 수많은 종류의 아미노산으로 구성되어 있지만(18 종류의 아미노산이 함유됨), 시스틴(약 16%)이 대부분을 차지하고 있다. 이 시스틴의 함유량은 사람의 표피나 양털의 케라틴 단백질에 비하여 약 40~50%나 많은 양을 차지한다. 이외에도 염기성 아미노산인 히스티딘(Histidine), 라이신(Lysine), 아르기닌(Arginine)의 비율이 1:3:10으로 되어 있으며, 이 비율은 모발 케라틴 단백질이 가진 고유한 성질이다.

[표 1-8] 모발에 함유된 아미노산의 비율

아미노산	함유량	아미노산	함유량
글루타민산	15.00	블로린	6.75
시스틴	13.72	구리신	6.50
로이신	11.30	델로진	5.80
알기닌	10.40	바린	4.72
세린	9.41	아라닌	4.40
아스파라긴산	7.27	훼닐아라닌	3.70
슬레오닌	6.76	리진	3.30
메티오닌	0.71	히스티딘	0.70
트리프토판	0.70	히토킬른리진	0.21

4. 모발의 주기 (Hair cycle)

1) 모발의 성장 주기

머리카락은 일생 계속해서 자라나는 것이 아니라 그 모발의 수명이 다하면 자연히 빠지게 되고, 일정 시간이 지나면 그 모공에서 다시 새로운 모발이 자라난다.

모발 주기는 성장기(成長期), 퇴행기(退行期), 휴지기(休止期)로 나뉜다. 성장기는 모발이 살아서 성장하는 시기로, 보통 머리나 털이라 하는 것은 성장기의 모발이다. 성장기가 끝나면 잠시 휴지기 탈모에 속한다. 이 같은 휴지기 탈모는 가역성(可逆性)이기 때문에 시간이 지나면 다시 자란다.

이렇듯 모(毛)는 일생 동안 계속해서 성장하는 것이 아니라, 하나하나의 모(毛)에는 독립된 수명이 있어서 성장, 탈모, 신생을 반복하는 것을 헤어 사이클(hair cycle)이라 한다.

(1) 성장기

모발이 자라는 시기이다. 뿌리도 완성된 형태를 갖추고, 털을 생성한다. 즉, 모유두와 접촉하는 모구의 하반부에서는 꾸준히 모모세포의 분열이 일어나서 모발이 만들어지며, 이때 모모세포의 분열은 어느 다른 세포의 분열보다 왕성하다. 생성된 모발은 각화대에서 각질화 하면서 위로 뻗어 올라가고, 내모근초와 외모근초는 모발의 발육과 성장을 돕고 보호한다.

이같이 생성되어 발육한 모발은 피부 밖으로 나와서 자라며, 머리털의 경우 한달에 약 1cm 정도 성장한다. 말하자면 머리가 자라고 있다는 것은 피부 속의 뿌리에서 모발이 계속 만들어지고 있다는 뜻이며, 동시에 살아 있다는 말이다.

성장기 동안 모발은 성장하고, 일정 기간 후에 중간기가 되면 털의 성장이 멈추고, 모포의 하부에서 신모의 성장이 시작되며, 퇴모(退毛)는 탈락한다. 이와 같이 모발의 모포는 성장기, 중간기, 종기의 순으로 반복해서 형태를 바꾼다.

　모발을 자라게 하기 위해서 모유두는 중요하다. 그러나 이 모유두는 일생 동안 활동하며 모발을 계속 만들지는 않는다. 어느 정도 활동을 계속하면 일시 활동을 멈춘다. 모발을 성장시키는 성장기(anagen), 성장이 끝나고 모구부가 축소하는 시기인 퇴행기(catagen)가 된다. 이때에 모유두가 활동을 시작하거나 또는 새로운 모발을 발생시켜 오래된 모발을 탈모시키는 시기인 발생기로 나눌 수 있다. 이를 모발의 주기(모 주기)라 한다.

　모발은 성장기 3~6년, 퇴행기 약 2~3주, 휴지기 약 2~3개월을 주기로 하여 반복하면서 성장한다. (그림 1-16). 특히 휴지기 때 탈모가 일어나며 이때 자연스럽게 탈모되는 모발의 수는 하루에 약 80개 정도가 된다.

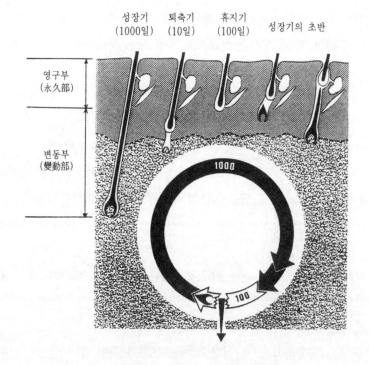

[그림 1-16] 모발의 사이클

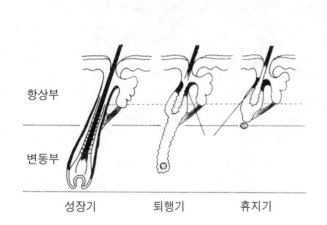

성장기털 퇴행기털 휴지기털

휴지기

퇴행기

성장기

항상부

변동부

성장기   퇴행기   휴지기

[그림 1-17] 모 주기(hair cycle)

생장기(성장기) 모발이 계속 자라는 시기로 모낭의 기저 부위, 즉 모구에서는 세포 분열이 활발하여 이 시기에 약 85~90% 정도가 생성된다.

(2) 퇴행기

퇴행기는 모발의 생성과 성장이 중단되고 휴지기로 옮겨지는 시기로, 모발의 뿌리에도 다음과 같은 형태와 기능에 뚜렷한 변화가 온다. 먼저 색소세포와 모모세포의 활동이 정지되면서 모발의 생산이 중단된다.

퇴행기(이행기) 모낭의 생장 활동이 정지되고 급속도로 위축되는 시기이다. 이때 털의 모양은 곤봉과 비슷하게 된다. 퇴행기 기간은 2~3주로 보고, 모발은 숫자가 적어 발견하기가 힘들다. 휴지기 전체 모량의 10~15% 정도가 휴지기이며 약 3~4개월로 본다. 이 시기의 모낭은 활동을 정지하고 머지않아 다가올 탈모를 기다리게 된다.

[표 1-9] 모발의 성장 주기

구분	성장기	퇴행기	휴지기
단계	모발이 모유두로부터 영양분을 공급받아 성장하는 단계	모발이 성장을 멈추고 모유두로부터 분리하려는 단계	모발이 모유두로부터 완전히 분리하여 세포 분열을 하지 않는 단계
기간	남 : 3~5년 여 : 4~6년	3~4주	3~4개월
밀도	전체 모발의 80~90% 정도	전체 모발의 1% 정도	전체 모발의 14~15% 정도

2) 모발의 수명(Life of hair)

　모발의 성장기는 남성 3~5년, 여성이 4~6년 정도이다. 그 후 퇴화기 30~45일 정도, 휴지기가 4~5개월 정도 지나 자연적으로 탈모가 된다. 그리고 휴지기의 마지막이 되면 새로운 모발이 생성되는 발생기가 시작된다.

　성인의 머리카락 수는 대략 10만~14만 개가 되며 하루에 0.2~0.3mm씩 자라지만 일생 동안 계속해서 자라는 것이 아니라 존재하는 부위에 따라 모발의 성장 속도가 다르다.

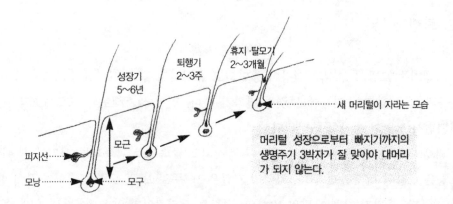

[그림 1-18] 모발의 성장 사이클

3) 모낭의 형태에 따른 분류

모발은 강한 유전성이 있는데 그 중에서도 특히 직모(直毛), 파상모(波狀毛), 곱슬머리 등의 형태에 민족적 특성이 있다.

모발의 형태별 구분은 모모세포 및 모낭세포의 케라틴 단백질 합성의 속도 차이에 의해 나타나는 것으로, 이 같은 현상은 유전자(DNA)에 의해 좌우된다. 즉, 하나의 모낭 안에 존재하는 모모세포 및 모낭세포의 세포 열의 속도 차이에 의해 모발 및 모낭의 웨이브 상태가 결정되어 진다.

직모

① 직모(Straight hair)

모발의 단면이 원형을 띠고 있는 것이 특징이다. 이러한 현상은 모모세포 및 모낭세포가 케라틴 단백질 생성 과정에서 세포 분열의 속도가 동일한 속도로 진행되어 나타나기 때문이다.

파상모

② 파상모(Culry hair)

유전적 체질에 의해 나타난다. 파상모는 웨이브가 있는 모발로서 곡모(曲毛)라고도 한다. 모발의 단면도가 타원형을 띠는 것이 특징이다. 이러한 현상은 모발에 행하는 어떠한 시술로도 영구적인 변형은 힘들다. 굵기가 가늘고 약간 곱슬머리이며 횡단면이 모양은 타원형에 가깝다. 백인종이 이에 속한다.

축모

③ 축모(Kinky hair)

흔히 '곱슬머리' 라 부르는 모발의 형태로 단면이 '파상모' 에 비해 웨이브가 심하며, 특히 흑인종에게서 많이 나타난다. 축모의 경우 파상모와 마찬가지로 영구적인 변형이 힘들며, 소아기 시절에는 모발이 가늘고 약하여 축모는 직모에 비해 털의 성질이 단단하고 펴머나 염색 등 미용상의 처리도 힘들다. 축모는 선천성인 것으로 유전되며, 특히 곱슬 정도가 심한 모발을 와상모, 구상모라고 한다.

　　신체 부위에 따라 잔털이 경모로 변한다. 모발이 일단 경모로 변하면, 이것이 털의 마지막 양상이기 때문에 경모를 일명 종모(終毛)라고도 한다. 머리털과 눈썹은 생후 1년 내에 종모로 변하고, 음모, 액모, 수염은 사춘기에 경모로 변하여 종모가 된다. 그리고 귀 털은 중년에 굵어져 경모화 한다. 다만, 머리털은 출생 후 연모가 경모로 되었다가 노년기가 되면 다시 연모화 하여 노인성 탈모로 진행한다.

4) 모발의 굵기에 따른 분류

　　모발은 크기와 모양에 따라 여러 가지로 분류되며, 또 같은 모발이라도 발생 부위와 시기 등에 따라 칭호가 달라진다. 먼저 굵기와 길이에 따라 경모와 연모로 나뉜다.

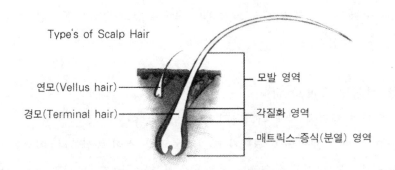

Type's of Scalp Hair

연모(Vellus hair) ── 모발 영역
경모(Terminal hair) ── 각질화 영역
── 매트릭스-증식(분열) 영역

[그림 1-19] 모발의 종류

　　① 취모(배냇머리, lanugo hair)
태아에 존재하는 섬세하고 부드러운 엷은 색의 털로써 출생 무렵 탈락되고 연모로 대치된다.

　　② 연모(솜털, vellus hair)
출생 후 나오는 털을 말하며, 가늘면서 털이 짧고 색소를 거의 지니고 있지 않아 눈에 잘

띄지 않는다. 피부의 대부분을 덮고 있는 섬세한 털로 출생 후 성장함에 따라 부위별로 성모로 바뀐다.

3 중간모(intermediate hair)
연모와 성모의 중간 굵기의 털이다.

4 경모(종모, terminal hair)
경모는 모수(毛髓)가 있고 색소를 가진다. 일반적으로 모발이라고 하는 것, 즉 머리카락을 비롯해서 수염, 음모 등이 경모에 속한다. 경모는 다시 길이에 따라 장모와 단모로 나뉜다.

① 장모(長毛) : 1cm 이상의 길이로 자라는 털을 이른다. 머리털, 수염, 음모 등
② 단모(短毛) : 1cm 이하의 길이로 자라는 털을 이른다. 눈썹, 코털, 귀 털 등. 체모는 대부분이 잔털에서 굵은 털로 변한다. 이것을 경모화(硬毛化)라고 하고, 경모화가 사춘기의 성호르몬의 영향으로 이루어지느냐 아니냐에 따라 성모와 무성모로 구별한다. 그리고 남성에게만 있는 경모를 남성모(男性毛)라고 한다.
③ 성모(性毛) : 음경, 수염, 겨드랑이털 등은 성과 관계가 있는 사춘기에 경모화 한다.
④ 남성모(男性毛) : 수염과 가슴의 털은 특히 사춘기 이후, 남성에게만 나타나는 체모이다.

5) 형태적인 모발의 이상

1 결절열모증(結節裂毛症)
모발이 길이로 갈라지는 것이며, 모발에 영양이 좋지 않을 때 건조하여 일어난다.

2 사모(砂毛)
사모란 여자들의 모발에서 많이 발생하며, 모래알 모양의 오돌도돌한 작은 결절이 생긴다.

③ 연주모(連株毛)

연주모란 부풀어 오른 것 같은 결절이 구슬 모양으로 모발에 나열되어 있는 것이다. 유전적인 원인이 많고 모간부의 모발이 쉽게 끊어지기도 한다.

④ 다공성 모(多孔性毛)

모발의 모표피가 심한 손상으로 모피질의 간충 물질이 손실되어 모발 안에 다공성화 되어 보습이 저하되는 건조모이다.

⑤ 헤어 캐스트(hair cast)

모근초의 일부가 모발에 부착되어 하얀 찌꺼기 같은 점이 모근 쪽에서 위로 자라 나오면서 붙어 있는 것이다. 모근을 감싸고 있는 모근초가 모근에 부착되어 감싸고 있는 것인데, 모발을 심하게 당기거나 헤어스타일 시 모발에 텐션을 너무 많이 주는 경우 발생이 된다.

⑥ 백륜모(白輪毛)

모발의 모피질 안에 공동이 생겨 빛이 반사되어 모발 한 가닥에 검은 부분과 흰 부분이 교대로 보이는 것이다.

5. 모발의 물리적 특성

1) 모발의 특징

모발의 물리적 특징들은 두피, 탈모 관리와 모발 트리트먼트에 있어 유용한 자료로 활용될 뿐 아니라 올바른 관리를 유도하는데 있어 필수적인 요소로 작용한다.

(1)모발의 강도와 신장도

건강한 모발을 한 가닥, 양쪽을 손가락으로 잡아당겨 보면 비교적 저항력이 있는 것을 알 수 있다. 모발에 힘을 강하게 주어 당기면 모발은 점차 늘어나면서 가늘어지다가 결국 끊어지게 된다. 모발이 절단될 경우까지 어느 정도 늘어났을까를 측정하는 것이 가능하다.

모발을 절단할 때 신장의 정도를 원래 길이의 몇 %까지 늘어나는지를 신장도로 나타내는데, 이때 모발에 걸린 무게를 인장 강도(g)라 하고, 신장률을 신장도(%)라 한다.

모발의 강도와 신장은 측정할 때의 온도와 습도에 따라 그 수치가 매우 다르기 때문에 일반적으로 온도 25℃, 습도 65%를 표준으로 한다. 또 한 개인의 체질과 건강 상태, 모발의 손상 정도, 당긴 속도 등에 따라서 크게 다르기 때문에 측정은 측정자에 의해 다양하다.

[표 1-10]에 나타난 바와 같이 보통 상온, 상습에서는 모발이 50% 전후, 즉 원래 길이의 1.5배 정도까지 늘어난다.

[표 1-10] 모발의 신장률과 신장 강도

모발 상태	모발의 신장률	모발의 신장 강도
건강한 모발	40~50%	140~150g
수분을 함유한 모발	60~70%	90~100g

◆ 모발의 **절단 강도**

1가닥의 모발은 150g의 추(錘)를 드는 것이 가능하다

모발의 절단 강도는 평균 150g이라고 하지만, 이것은 두께(모경)에 따라 다르다. 보통 섬유의 강도는 단면적에 비례한다고 하지만, 모발의 경우 체질과 건강 상태에 따라 개인차가 있다.

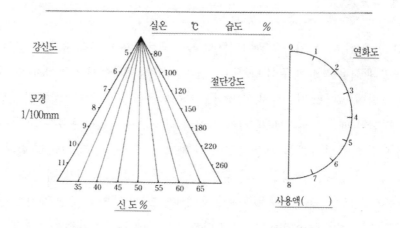

[그림 1-20] 모발의 신장률과 강신도(强伸度)

2) 모발의 밀도

일정한 모공의 간격을 유지한 상태로 빈 모공이 거의 없는 것이 특징이며, 두상 전체에 존재하는 모공당 모발의 수가 평균 1~3본/1모공당 정도를 유지하고 있다.

모발의 밀도는 정상 두피 및 정상 모발, 탈모 진행도를 진단하는데 중요한 기초 자료로 활용되고 있으며, 관리의 효과에 대하여 판단할 수 있는 임상 자료이기도 하다. 모발은 하루에 약 40~100본 정도가 탈락을 하고 동시에 탈락 수만큼의 모발이 성장을 하고 있어 모발의 밀도를 항상 일정하게 유지하는 것이다.

일반적으로 1㎠당 모발의 밀도는 저밀도의 경우 120가닥/㎠, 중밀도 140~160가닥/㎠, 고밀도 200~220가닥/㎠ 정도를 유지하고 있다.

모발의 밀도는 탈모의 진행과 동시에 점차적으로 감소하는 특징을 지니고 있으며, 단위 면적당 밀도 수치에 있어서도 지역에 따라 차이를 두고 있어 동양인의 경우에는 약 8~10만 본 정도(150/㎠)된다.

3) 모발의 고착력

모발의 고착력은 '한 가닥의 머리카락을 두피(모근)로부터 뽑아내는데 필요한 힘을 말하는 것' 으로 모발과 모낭(내모근초)간의 결속력을 뜻하기도 한다.

또한 두피로부터의 탈락 강도는 모발의 성장 주기 및 두피의 상태, 신체의 건강 상태 등에 따라 차이가 있다. 또한 모발이 쉽게 빠진다는 것은 그만큼 고착력이 떨어진 모발로 연모화 하였거나 또는 모발이 건강하지 못하다고 할 수 있다. 휴지기에 있는 모발은 고착력이 약화되어 있는 상태이므로 쉽게 빠지게 된다.

모발의 굵기는 약 60~95㎛이다. 이렇게 가늘면서도 의외로 강한 것이 모발이다. 과학적으로 조사한 데이터에 의하면 건강한 사람의 머리카락은 약 150g의 강도가 있다고 한다.

사람의 머리털의 수를 10만 개라 가정 하고, 머리털의 강도를 계산해 보면 15톤이 된다.

4) 모발의 팽윤성

모발을 물에 담가두면 길이 1~2%, 직경 15%, 무게 30% 정도 증가한다(길이의 변화보다는 직경의 변화가 더 크다). 그 이유는 모발 단백질의 그물망 구조에 의해 침투한 수분이 망 속으로 들어가 안에서 밀어 넓히기 때문이다.

모발에 수명이 있고 모발 주기에 의해서 퇴측기와 휴지기에 있는 모발은 고착력이 약화되기 때문에 약간의 힘에도 곧 빠지게 된다. 그리고 나이가 많아지고 모발의 뿌리가 위축하면 모발의 강도와 고착력도 따라서 떨어진다.

[그림 1-21] 모발의 고착력

5) 모발의 탄력성

모발의 탄력성은, 모발에 어떤 힘을 작용하여 형태를 변형시킨 다음 그 힘을 제거하였을 때 모발 본래의 모양과 크기로 되돌아가려고 하는 성질이 있다. 이러한 탄력성은 모발 내의 케라틴의 측쇄결합과 입체 구조에서 유래한다.

모발은 코일 모양의 케라틴이 스프링 구조로 이루어져 있기 때문에 탄력성을 갖고 있으며, 습윤모의 경우 탄력성이 매우 크다.

[표 1-10] 모발 탄력의 한계

모발의 상태	수분함량	늘어나는 정도
보통 건조된 모발	10~15%	20~30%
젖은 모발	30%	50~60%
파마액으로 젖은 모발	30%	70% 손상

한편 모발 횡단면의 최소 직경을 최대 직경으로 나누어 100배 되는 수치를 모경지수(毛徑指數)라 한다.

$$모경지수 = \frac{모발의\ 단경}{모발의\ 장경} \times 100$$

모발의 두께는 경도나 강도에 관계가 있어 모경지수는 축모도와 관계가 있다. 이러한 지수가 100에 가까우면 원형의 직모가 되고, 이보다 적으면 타원형에서 편평하게 되는 축모로 구분된다.

6) 모발의 질감

모발 표면의 감촉을 말하는 것으로 모 표피층의 손상 정도 및 모발의 굵기(모발의 종류)

에 따라 질감의 차이를 두고 있다.

모발의 질감은 모발의 손상도가 높고, 모발이 경모에 가까울수록 질감이 강하게 나타나는 반면, 가는 모발이나 건강 모발일수록 질감이 부드러운 것이 특징으로 모발의 손상도 테스트를 할 때 자료로 활용된다.

7) 모발의 다공성

다공성이란 모발의 내부에 있는 공기층이 수분을 흡수하는 성질을 말한다. 손상모나 화학적 시술에 의해 모표피가 열린 모발의 경우에는 다공성이 증가한다. 이와 반대로 모표피가 촘촘히 닫혀있는 건강 모나 수분에 강한 반발력이 있는 발수성 모는 그 성질이 낮다.

8) 수분 상태

모발이 수분을 흡수하는 것은 케라틴 단백질의 친수성 때문이며, 모발 내에 침투한 수분은 모발섬유 사이 공공의 벽이 흡착이 된다.

정상 두피의 각질층에 있는 수분의 양은 피지막 및 천연 보습 인자 등의 작용으로 평균 15~20% 미만을 유지하고 있으며, 이러한 이유로 정상 두피의 상태는 항상 촉촉함과 매끄러움을 유지하고 있다.

(2) 화학적 특성

① 산과 모발 : 강한 저항력을 지니고, 모발 단백질은 산에서는 수축성을 나타내고 모발에 산을 처리하면 모표피가 닫혀 진다.
② 알칼리와 모발 : 모발의 등전점은 pH 4.5 ~ 5.5이며 등전점(等電點)에서 멀어지면 멀어질수록 아미노산이 결합이 약해진다. 모발에 알칼리제를 처리하면 모발도 약해진다.

9) 모발의 강도

　모발의 강도는 모발을 당겼을 경우 끊어지는 정도를 말한다. 모발의 강도는 모발의 굵기(직경), 손상 정도, 모피질의 영양 상태, 수분 정도 등에 따라 차이가 있다. 탈모를 진단할 때 여러 부위의 모발을 채취하여 실험한 결과의 평균치를 이용하는 것이 효과적이다.
　일반적으로 모발의 평균 강도는 약 150g 정도이며, 모발의 상태에 따라 약 100g 정도의 차이를 두고 있다. 그리하여 이러한 모발의 강도는 모발 손상 정도(건강 상태)의 자료로 활용할 수 있으므로 모발 관리에 있어서 중요한 부분이다.

10) 모발의 굵기

　모발의 종류를 결정짓는 요소 중 하나인 모발의 굵기는 연령, 환경, 건강 상태, 탈모 정도, 성별 등에 따라 차이가 있다. 이 시기에 탈모의 진행 정도를 체크하는데 있어 중요한 자료로 활용되고 있다. 모발의 굵기는 모피질과 모표피의 두께에 영향을 받으며, 동양과 서양인 사이의 차이가 특징이다. 동양인의 경우에는 모피질 부위가 적은 반면 모표피 층이 두꺼우며, 서양인의 경우에는 모피질 부위가 두껍고 모표피 층이 얇은 형태를 띄고 있어 모발의 감촉이 동양인에 비해 부드러우며, 또한 모발의 굵기가 가늘다.

구분	굵기
연모	0.05㎜ 이하
경모	0.20㎜ 이하
일반모	0.15㎜ 이하

11) 모발의 신장과 탄성

　모발의 탄성도(彈性度)란 모발에 끊어지지 않을 정도의 힘을 가하여 잡아당겼다가 놓았을 때 원래의 형태로 돌아가려고 하는 정도를 말한다. 모발의 탄성은 모발의 외적, 내적 변화에 대하여 크게 반응하는 것이 특징으로 모발의 수분 함유량 및 손상 정도 등에 따라 차이를 두고 있다.

◆ 여성의 모발에 대한 미의식(美意識) 조사

모발에 대한 미의식이 높아져 헤어 케어에 대한 관심이 높아지고 있고, 그와 동시에 트리트먼트제의 수요가 증대하였다.

모발에 대한 미의식 조사 결과를 보면 다음과 같다. 미용사로서 일반 여성의 바람, 혹은 고민을 충분히 해결하는 기술, 어드바이스를 유념하는 것에 노력해야 하겠다.

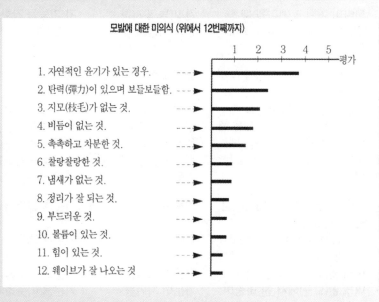

◆ 모발의 특성

(1) 물리적 특성

① 모발의 견고성 : 섬유세포, 간층 물질, 모표피의 두께 차이에 따라 결정이 된다.

② 모발의 인장 강도 : 모발을 잡아당겨 끊어질 때까지 견디는 힘을 말한다. 보통 모발의 인장 강도는 150g이다.

케라틴 단백질의 구조적인 특성 때문에 생기는 현상이다. 모발의 신장은 습도에 따라서 영향을 받는다. 원래 길이로 되돌아갈 수 있는 신장률은 5% 전후이며, 당기면 50~70%(수분 흡수 시)까지 신장이 가능하다.

또한 모발의 탄성도는 모발의 강도와 깊은 연관이 있어, 모발의 탄성도가 높으며 반대로 모발의 강도는 낮아지는 특징을 지니고 있다.

[표 1-12] 모발의 상태와 기(氣)의 관계

	모발의 상태	원인	치료법
장부 (臟腑)	모발이 거칠고 메마를 때 모발이 노랗게 되거나 희게 될 때	간 기능의 저하 신장 기능의 저하	간 기능을 강화 신장 기능을 강화
혈액 (血)	모발이 메마르고 끝이 갈라지고 희게 될 때 모발이 황적색으로 변할 때 모발이 잘 빠지고 나지 않을 때 모발이 회백색으로 변할 때 모발이 때가 잘 끼고 축축하여 냄새가 날 때	혈액에 풍열이 발생 혈액이 뜨거움 혈액이 건조함 혈액이 차가움 혈액에 습한 열기가 많음	폐의 열기를 제거 심장의 열기를 제거 신장의 정액을 보충 간에 피를 보충 신장을 보호하고 위장 기능을 조절
기 (氣)	모발이 들뜨고 까치머리처럼 될 때 모발에 탄력성과 힘이 없고 늘어질 때 머리 밑(모근)이 아플 때 머리 밑(모근)에서 찬 바람이 날 때	기운이 막힘 기운이 없음 기운이 뜨거움 기운이 차가움	기운을 열어줌 기운을 보충 기운을 식혀줌 기운을 따뜻하게 함

◆ 아름다운 머릿결을 유지하는 방법

최근 외국에서 모발과 피부 영양제가 홍수처럼 들어오고 있지만, 값에 어울릴 만큼의 효과를 지니고 있는지 모든 제품을 검증할 필요성이 요구되고 있다. 특히 상품의 질을 구별하는 기준을 알 수 있는 지식을 터득하여 선별할 줄 아는 안목을 가져야 할 것이다. 날씨가 건조해지고 차가워지면 머리카락이 부석부석하고 빠지기 쉽기 때문에 머리카락을 잘 관리하는 요령이 필요하다.

털은 피지선에서 분비된 피지에 의해서 그 수분이 상실되는 것을 막아준다. 그리고 광택과 부드러움을 유지하고 있으나, 장모(長毛)에서는 피지만으로는 유분이 부족하므로 기름을 발라 털에서의 수분 증발을 막아 주어 그 광택과 부드러움을 유지할 수 있다.

모발은 화학적인 자극에 대해서는 매우 튼튼하며 강한 저항력을 가지고 있다. 원래 모발의 성분인 단백질은 산과 접촉하게 되면 수축하는 성질이 있는 까닭에 모발에 산을 묻히면 모소피가 수축되므로 산성으로 된 물질은 피하는 것이 좋다.

머리카락을 아름답게 가꾸는 방법은 두 가지가 있다. 그 하나는 모발의 성장을 촉진시켜 주어 영양을 섭취하는 방법이다. 다른 하나는 두발을 빗질하여 자극을 주어 혈액순환을 좋게 해주는 방법이 있다.

◆ 모발의 상태로 기(氣)보기

기의 상태에 따라 모발에 나타나는 여러 가지 느낌을 통하여 신체 장부와 기혈의 상태를 점검하는 내용을 아래의 [표 1-12]에 나타내었다. 모발의 건강과 아름다움은 곧 심신의 건강과 직결되어 있으므로 모발에 나타나는 여러 가지 느낌들을 잘 관찰하여야 한다. 건강한 모발로 가꾸기 위하여 노력하는 것은 바로 심신의 건강을 돌볼 수 있는 길이기도 하다.

Chapter **2**

탈모증

Hair and Scalp management

chapter 2. 탈모증

현대 사회에 와서 모발은 장식적 의미에서의 기능이 많은 비중을 차지하고 있으며, 그로 인한 탈모의 고민을 안고 살아가는 현대인들이 증가하고 있는 추세이다. 그렇다면 '탈모는 왜 일어나는 것인가? 또, 탈모의 예방 및 개선의 방법은 없는가?'에 대하여 살펴보고자 한다.

최근 우리나라에서 두피와 탈모의 문제로 고민하는 고객이 200만 명을 넘어서고, 탈모 시장 규모는 2003년 4,000억 원에서 2004년 8,000억 원으로 두 배 성장하였다.

1. 탈모가 생기는 조건

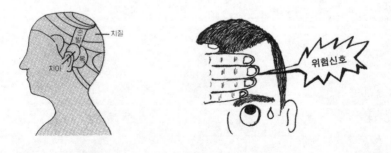

[그림 2-1] 나이에 따른 머리와 수염의 증감 현상, 손가락으로 판정하는 방법

1) 자연 탈모

사람의 두발(頭髮)은 전부 약 10만~12만 본(本, 가닥) 정도이다. 이러한 모발이 전부 그 교체 시기가 같다면 어떤 종류의 짐승과 같이 한번에 빠져버리겠지만, 사람의 경우에는 모발 각각의 헤어 사이클이 달라서 한쪽에서는 빠지고 또 다른 한쪽에서는 생겨난다. 그래서 전체적으로는 비슷한 정도의 모발 수를 유지하고 있다. 이와 같이 자연적인 교대로 빠지는 모발을 생리적 자연 탈모라 한다.

남성의 경우 탈모는 관자놀이 부근에서 시작되어 정수리 쪽으로 이동하는 경우가 많고, 여성은 정수리 부위의 모발이 적어지는 경우가 많다.

(1) 남성형 탈모의 진행 양식

대머리는 이마가 넓어지는 것이다. 남성형 탈모의 일반적인 진행 패턴은 앞(前頭部)에서 뒤(頭頂部)로 헤어라인이 후퇴하면서 정수리의 탈모와 연합하는 양식을 취한다.

일반적인 증상은 정수리 부분의 머리카락이 많이 빠지기 시작한다. 몇 달 정도 가렵다가 눈에 띄게 탈모 정도가 악화되면서 확대되므로, 일찍 조치를 하면 초기에 탈모 진행을 막을 수 있다.

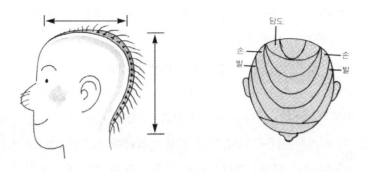

[그림 2-2] 두피가 두개골에 붙는 현상과 탈모

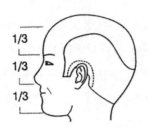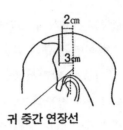

[그림 2-3] 대머리 기준선

2) 탈모의 종류

인체의 비정상적인 현상 및 두피가 청결치 못하거나 외부적인 요인으로 인하여 모발의 성장 주기가 짧아지게 된다. 또다른 경우는 성장 주기에 변화가 생겨 필요 이상으로 하루 탈모량이 많이 늘어나거나 모발이 가늘게 생성되는 현상을 말한다.

탈모의 경우 하루 탈모량은 일반적으로 약 100본 정도이다. 그러나 질병이나 원형탈모 등으로 어느 날 갑자기 탈모량이 늘어나는 경우가 있다.

비듬과 피지의 혼합으로 모공을 막으면 모근에 영양 공급이 어려워져 모근이 위축된다. 또한 심한 다이어트나 편식으로 인한 영양 불균형은 모발에 충분한 영양 공급과 혈액순환이 되지 않아 생기는 탈모의 원인이 된다.

그밖에 탈모의 요건은 다양하다. 10년 전에는 이러한 가운데 40대 남성들에서나 나타났던 탈모는 최근 20~30대 탈모 환자들이 350만 명을 육박하고 있다. 특히 탈모는 모근의 손상 유무에 따라 회복과 관리가 불가능한 것도 있고, 의학적 시술 방식을 필요로 하는 반흔성 탈모도 있다. 이 시기에 미용적인 관리와 예방적 접근이 가능한 비반흔성 탈모로 나뉘는데, 비반흔성 탈모에 관한 대체요법적 관리에 미용학적 관심이 커지고 있다.

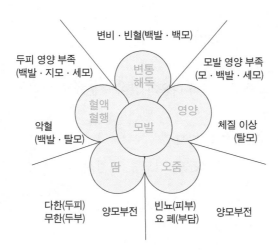

변비·빈혈(백발·백모)

두피 영양 부족
(백발·지모·세모)

모발 영양 부족
(모·백발·세모)

악혈
(백발·탈모)

체질 이상
(탈모)

다한(두피)
무한(두부) 양모부전

빈뇨(피부)
요 폐(부담) 양모부전

[그림 2-4] 두발 트러블의 중요한 원인

3) 모발 이상에서 오는 조건

(1) 모발의 변화

모발은 건조해 지면 표면에 여러 형태의 균열이 생긴다. 모발은 손상을 받으면 [표 2-1]
에 나타난 바와 같은 형태적, 물리적, 화학적 변화가 일어난다.

[표 2-1] 손상 받은 모발의 변화

모발의 변화 유형	손상 모발의 변화 형태
형태적 변화	모발 표면의 마찰, 모소피 쪽이 흐트러짐, 모소피의 박리, 모피질 및 모수질의 노출, 열모, 지모, 단모, 결절성모, 결모증 등
물리적 변화	흡수력·흡습력의 상승, 보습력의 상승, 수분함량이 떨어짐, 팽창률의 상승, 인장 강도의 저하, 신축성의 변화, 탄력성 유연성의 저하, 정전성의 상승
화학적 변화	시스틴 함량의 저하, 치온 결합 등의 이상 아미노산 생성, 흡착 능력의 상승

(2) 모발 이상(Disorder of hair)

모발의 이상 현상은 그 증세에 따라 다음과 같이 구분할 수 있다.

① 모발의 밀도 : 다모증, 무모증, 탈모증
② 형태 이상 : 연주모, 염전모, 백륜모, 결모증, 결절성 열모증, 모종열증, 축모, 헤어케스트

(3) 색조 이상 : 백모증

생물 기생에 의한 외관 이상 : 두부백선, 사모, 황세모

4) 이상 탈모의 원인

자연 탈모는 모근의 형태가 마치 봉(곤봉상)과 같이 되어 있다. 성장기에 있는 건강한 모발을 무리하게 잡아당기면 모근 부분이 길고 커지게 된다. 여기서 모근의 주위와 모구부의 밑쪽에 하얀 부착물이 붙어있는 것도 있다. 한편 이상 탈모의 모구는 위축되거나 변형되어 있어 판별이 된다.

모 주기와 모발의 신생, 성장, 탈락과는 밀접한 관계가 있고, 많은 남성형 탈모증에 헤어 사이클의 이상이 인정된다.

일반적으로 모발은 굵고, 딱딱하며, 길다. 남성형 탈모의 경우 헤어 사이클에 따라 모발의 성장, 탈락이 반복되는 중 먼저 난 경모는 다음에는 가늘어지고, 부드러운 모발이 되어 간다. 남성형 탈모는 처음부터 모포의 수가 감소하는 것이 아니고 경모가 그 굵기를 잃어 가는 것이다.

[표 2-2] 두피의 기능과 영향을 주는 요인

두피의 기능	두피 상태에 영향을 주는 인자	영향을 받아 나타나는 현상
각질층 보호 기능	환경적 자극 (건조, 습도, 오염) 물리적 자극(마찰, 열)	비듬/피지막 형성 능력의 감소, 표피세포 대사 능력의 감소
표피의 수분, 보습 기능	화학적 자극 (염색, 퍼머, 제품) 햇빛 자극(자외선, 적외선)	건성 두피, 가는 모발/수분 보존 능력의 감소, 피지막 형성 능력이 떨어짐
피지선분비의 억제 기능	신체 장기의 기능, 스트레스, 성격	지성 두피, 지성 비듬, 지루성 두피/피지 분비 기능의 감소
색소를 만드는 기능	멜라닌 형성 세포 이상	백모/색소 생산 능력의 이상
탄력 보호 기능	편중된 식생활	탈모, 위축모, 가늘어지는 모발/진피 세포 대사 능력의 감소

5) 탈모가 되는 조건

　누구에게나 이상 탈모가 발생할 수 있으며, 모발의 성장 주기에 이상 현상이 생겨 이상 탈모의 원인 등은 다양하다.

　인체에서 탈모가 되는 내부적 요인으로는 ① 유전적 요인, ② 남성호르몬 이상, ③ 스트레스 등과 같은 내분비적 요인과 질병 등으로 구

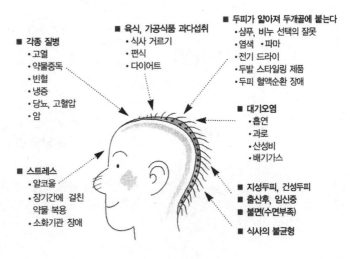

■ 각종 질병
· 고열
· 약물중독
· 빈혈
· 냉증
· 당뇨, 고혈압
· 암

■ 육식, 가공식품 과다섭취
· 식사 거르기
· 편식
· 다이어트

■ 두피가 얇아져 두개골에 붙는다
· 샴푸, 비누 선택의 잘못
· 염색 · 파마
· 전기 드라이
· 두발 스타일링 제품
· 두피 혈액순환 장애

■ 대기오염
· 흡연
· 과로
· 산성비
· 배기가스

■ 스트레스
· 알코올
· 장기간에 걸친 약물 복용
· 소화기관 장애

■ 지성두피, 건성두피
■ 출산후, 임신중
■ 불면(수면부족)
■ 식사의 불균형

[그림 2-5] 탈모의 원인

분할 수 있다. 외부의 환경적 요인으로는 두피 불결 및 환경오염 등과 같은 외부적 요인이 많은데, 탈모의 원인별로 구분하면 [표 2-3]과 같다.

[표 2-3] 탈모의 원인별 구분

구 분	원 인
유전적 원인	탈모 자체가 유전이 되지 않는다. 다만 탈모가 되기 쉬운 체질이 유전이 되거나 탈모를 일으키는 요인이 유전이 된다.
혈행장애	두피가 외부적 혹은 내적 요인에 의해 혈관이 압박을 받으면 혈액순환이 원활하지 못해서 모유두의 영양 공급이 장해를 받아 탈모 현상이 온다.
잘못된 식생활	지방이 많은 음식을 섭취, 인스턴트 식품, 향신료 음식, 잘못된 다이어트, 높은 콜레스테롤 등 과잉이 탈모를 유발
스트레스성 탈모	스트레스를 많이 받거나 남성호르몬의 과잉 분비를 유발 혈액순환 장애를 받을 경우 남성호르몬의 과잉 분비는 피지 생성을 촉진하여 두피에 영향을 미친다.
잘못된 샴푸법	샴푸는 1일 1회를 기본으로 하며, 모발을 세정하는 것보다 깨끗이 헹구는 것이 더 중요하다. 두피가 불결하면 모발 성장에 저해 요인으로 작용할 수 있다.
비듬	비듬에 의한 탈모는 두피 상태에 따라 지성, 건성으로 나눌수 있으며, 비듬 자체는 탈모와 무관하지만 모공을 막을 경우 모발 성장에 좋지 않다.
기타 요인	호르몬의 불균형, 운동 부족, 피지 분비 이상, 노화된 각질 등

(1) 탈모의 유전적 요인

　모발은 같은 사람이라도 자라는 부위에 따라, 또는 한 개의 모발이라도 그 부분(모근부, 중간부, 모간부)의 굵기가 달라지며 모질도 다르다.

　이것은 모발이 모유두에서 탄생하는 과정에서 그 사람의 영양 상태, 건강 등의 영향을 받아 굵기와 모질이 변화하는 이유이다. 또한 모간부가 길게 늘어져 있어서 여러 가지 외부 자극을 받기 쉬우므로 모발의 질은 변화한다.

(2) 대머리 탈모의 조건

　탈모는 종류도 다양하지만 가장 흔한 탈모증은 대머리로 불리는 유전성 안드로겐성 탈모증인데, 남성형과 여성형 등으로 구분할 수 있다. 남성형은 남성호르몬에 의해 성장이 억제되는 앞머리, 윗머리, 정수리 등에 나타나는 특징이 있다. 사춘기 이후 남성호르몬이 증가해 이 부위 모발이 가늘어지면서 쉽게 빠져 탈모증이 발생한다.

　대머리는 대개 30세 전후에 시작되지만, 최근 들어 사춘기가 빨라지고 스트레스가 증가하면서 20세 이전에도 발생한다. 여성은 주로 윗머리와 정수리 부위에 나타난다.

2. 탈모의 손상 요인과 분류

1) 모발의 손상

　모발 손상의 생리적 원인 가운데 영양소 결핍은 모발의 성장과 기능을 크게 약화시킨다. 이와 함께 뇌하수체에서 분비되는 각종 호르몬도 모발의 성장과 멜라닌 색소 합성에 관여하고 있어 호르몬의 분비가 떨어지거나 억제되면 모발의 손상이 쉽게 일어난다.

[표 2-4] 탈모의 원인과 증상별 특징

탈모의 종류	특징 및 증상	원인
원형 탈모증	탈모는 원형이고 경계가 뚜렷하다. 탈모 부위가 매끄럽다. 탈모 부위가 한두 군데이지만 2차적으로 다발로 나타나는 경우도 있다. 모근 끝이 가늘다. 악성인 경우에는 많이 발생하고 융합해서 불규칙한 모양이 되는 수도 있고, 전두부 탈모에서 눈썹, 수염 등의 탈모까지 이를 수가 있다.	자율신경계에 의한 혈행장애로 오는 것으로 알려져 있다.
신경성 탈모증	경계가 분명치 않은 불완전 탈모 전두부에 한정되지 않은 부정형 선상, 지도 모양	중추신경질환 : 진행성 마비 말초신경장애 : 신경성 쇼크
비만성 탈모증	비만성으로 오는 것은 처음은 조금씩 오지만 점차 많아지고 전두탈모를 일으키는 수가 있다. 모발은 건조해 있고, 광택이 없고, 정상길이로 자라지 못한다. 탈락 비듬이 많고 가려움을 호소하지만 두피에 염증은 없다.	비타민A, D의 부족에 의한 두피각화 비정상, 위장장애, 빈혈, 결핵, 신경쇠약 자율신경 실조, 두피 압박
지루성 탈모증	두피가 유성으로 끈적하기도 하다. 대개 모발은 가늘고 연하고 달라붙는 느낌, 장년성 탈모와 합병하는 경우가 많다.	피지분비 과잉에 의한 모근 각화 장애
장년성 탈모증	20세 전후부터 일어나는 탈모, 두피는 매끄럽고 긴장성으로 광택이 있다. 지루성 탈모와 합병증이 온다.	피지분비 과잉에 의한 모근각화장애
노인성 탈모증	50세 이상 여자에게서 발병	모유두 조직이 노화, 두피경화

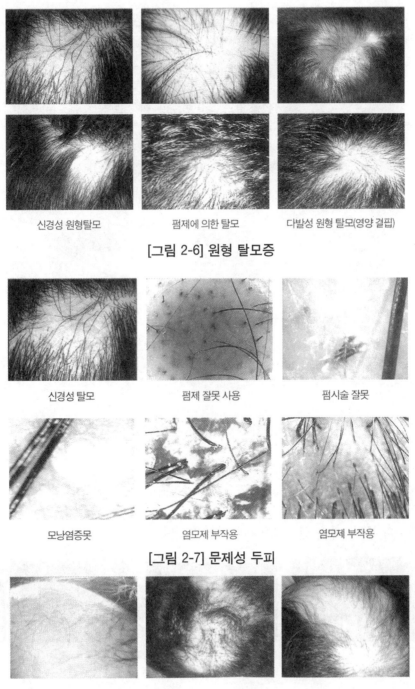

신경성 원형탈모 · 펌제에 의한 탈모 · 다발성 원형 탈모(영양 결핍)

[그림 2-6] 원형 탈모증

신경성 탈모 · 펌제 잘못 사용 · 펌시술 잘못

모낭염증못 · 염모제 부작용 · 염모제 부작용

[그림 2-7] 문제성 두피

[그림 2-8] 장년성 탈모증

[표 2-5] 원인별 모발 손상 분류

모발 손상 원인	종 류
일상적 원인	샴푸, 브러싱, 타월 드라이, 전기 아이론, 잘못된 커트 등
생리적 원인	영양 결핍, 다이어트, 편식, 스트레스, 호르몬 관련 질환 등
화학적 원인	염색, 탈색, 파마, 스트일링제 사용 등
환경적 원인	자외선, 해수 오존 공기오염, 습도

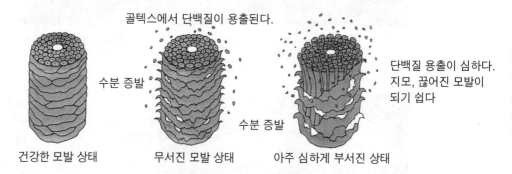

골텍스에서 단백질이 용출된다.

수분 증발

수분 증발

단백질 용출이 심하다. 지모, 끊어진 모발이 되기 쉽다

건강한 모발 상태　　무서진 모발 상태　　아주 심하게 부서진 상태

(1) 모발 손상 단계

모발은 손상 단계에 따라 손상 상태가 다르며, 여기에 맞게 모발 형태를 관찰해서 관리하는 지식이 필요하다.

① 정상 모발
모발 외부의 큐티클층이 일정하게 배열되어 있으며 윤기가 난다.

[그림 2-9] 정상 모발

② 손상 1단계

모발 외부를 둘러싸고 있는 큐티클층의 손상으로 모발의 윤기가 없어지는 초기 단계의
손상이다. 이 단계까지 진행한 모발은 아무리 관리를 해도 더는 좋아지기 힘들며, 손상이
심한 부분을 잘라낸 후에 남아있는 모발들을 관리하여 더 나빠지는 것을 막아야 한다.

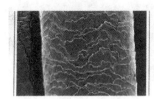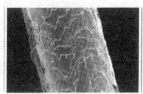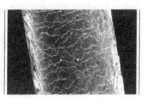

[그림 2-10] 모발 손상 1단계

2) 탈모의 종류

① 장년성 탈모증 : 남성형 대머리

② 원형 탈모증 : 다발성 원형 탈모증, 비만성 탈모증

③ 여성 탈모증 : 머리숱이 전반적으로 작아지는 탈모 증상. 여성 탈모증은 여성의 2/3
   정도에서 일생 동안 한번은 경험

④ 지루 탈모증 : 지루 탈모증은 두피에 심한 지루성 피부염의 징후가 생겨 탈모가 생
   길 수 있다. 피지가 과잉 분비되어 두피가 끈적거리고 항상 기름기가 있다.

⑤ 결발성 탈모증(견인성 탈모증) : 머리카락을 세게 땋거나 직선으로 잡아당기거나
   파마를 할 때 너무 세게 모발을 말아서 모양을 만든 경우, 모근부에 가벼운 염증이
   발생하여 모근부가 위축되어 빠진다.

3) 남성 탈모의 여러 요인

대머리를 유심히 관찰하면 두정부는 탈모하는데 옆머리와 뒷머리에는 머리카락이 그대로 남아 있는 경우가 많이 있다.

원형 탈모증이란 머리카락이 원형을 이루며 빠지는 현상을 말한다. 이 원형 탈모증은 남성형 탈모나 여성형 탈모와 다르며, 머리카락이 빠지는 부위와 크기는 물론이고 원인도 병적인 것으로 분류된다.

(1) 남성형 탈모의 원인

남성형 탈모증의 원인은 다양하고 복합적이다. 그 중에 유전적 소인, 남성호르몬, 나이 등이 중요한 요인이며, 그 밖에 국소혈액 순환장애, 정신적 스트레스, 영양의 불균형, 과다한 지루 등이 작용한다. 이런 증세는 모낭에 안드로겐의 호르몬의 영향으로 온다. 즉, 두피에서 남성호르몬인 테스토스테론이 5-알파리덕테이스(5RD)라는 효소에 의하여 디하이드로테스토스테론으로 전환됨에 따라 발생한다. 따라서 5RD의 활성도는 대머리 환자에게서 훨씬 높다.

또한 여성의 경우는 노장년층이나 폐경기에 여성호르몬인 에스트로겐의 감소가 모발의 성장에 영향을 미쳐 탈모를 촉진시킬 수 있다.

최근에는 심한 스트레스가 남성형 탈모증을 촉진시키는 원인이 되어 30세 이전에도 많은 환자가 발생하는 것을 볼 수 있다.

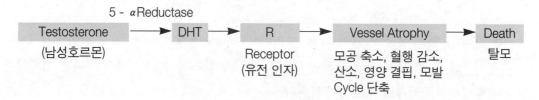

[그림 2-11] 탈모의 진행 과정

모든 탈모의 원인은 정수기(머리 윗부분) 부분 두피가 얇아지면서 피가 통하지 못하고 영양과 산소 부족이 되어 발생한다.

(2) 탈모의 원인

탈모의 가장 큰 원인은 스트레스 등이다. 사회생활을 하는 여성들 사이에서 탈모 증상이 늘어나고 있다. 그밖에 과도한 경쟁, 완벽주의 성향, 심한 콤플렉스 등으로 두피 질환이 늘고 있다.

① 유전적 요인과 남성호르몬의 영향
탈모의 주원인이 되는 남성호르몬인 테스토스테론이 활동적인 디하이드로테스토스테론(D.H.T.)으로 전환됨으로써 탈모를 유발한다.

② 두피에 공급되는 영양과 혈액순환의 이상
스트레스나 긴장은 두피 안의 혈관이 압박을 받아 혈액의 흐름이 나빠져서 그 결과 모근에 영양이 못 미쳐 모발의 성장이 멎고 빠지게 된다. 그러나 한편 혈행이 활발하더라도 혈액 중 모발에 영양소가 되는 아미노산이 부족한 경우에는 탈모가 일어난다.

③ 스트레스와 과로
스트레스로 인해 두피의 피부 혈관이 수축되어 혈행장애를 일으키면 모발의 성장을 저해하므로 탈모가 유발될 수 있다.

모발에 자극을 주는 드라이, 파마, 염색 등으로 인해 모발에 무리가 가게 되면 탈모가 유발될 수 있는 조건은 아래와 같다.

① 호르몬 대사의 불균형   ② 혈액순환 장애   ③ 피부 머리카락과 영양 불균형

4) 탈모의 진행 과정

(1) 불안은 탈모의 근본

교감신경은 혈관, 특히 모세혈관을 수축하는 작용이 있다. 이는 모발, 피부로의 영양 보급이 약해지는 것으로, 이것은 모발의 성장기를 단축시켜 탈모로 이어진다. 그리고 이 교감신경은 무의식적인 정신 긴장, 잠재적 불안감, 고뇌에 의하여 항상 긴장하기 쉽기 때문에 이것이 계속되면 탈모증으로 이어지는 경우가 많다. 원형 탈모에 스트레스는 교감신경을 둔하게 하며 모세혈관의 혈행을 나쁘게 해 모발의 영양실조를 초래하는 전형적인 예라 할 수 있다. 여기서 탈모의 전조 현상을 보면 아래와 같다.

(2) 탈모의 전조 현상

① 머리카락이 가늘어진다.
② 팔, 다리, 가슴 등에 털이 많아진다.
③ 수염이 억세어 진다.
④ 방에 떨어진 머리카락이 많이 발견된다.
⑤ 머리에 기름기가 많아지고 지저분해 진다.
⑥ 두피가 자주 가렵다.

특징은 머리털이 빠지는 경계가 뚜렷하다는 점이며, 그 경계의 안쪽에서는 머리털이 쉽게 빠지게 된다.

[표 2-6] 반흔성과 비반흔성 탈모의 원인

반흔성 탈모증	비반흔성 탈모증	원 인
	외상 탈모증	화장품/헤어드라이기/염색/마사지/머리 묶기/파마/PH 불균형(지나친 알칼리화)
피부염으로 인한 탈모증	피부염으로 인한 탈모증	버짐/신체 조직이나 기관의 기질적 변화/건선/습진
약물남용으로 인한 탈모증		비타민 과다증/중추신경계 흥분제(암페타민)/항생제/테트라사이클린
	전염성 병균으로 인한 탈모증	신체 조직이나 기관의 기질적 변화, 균류/열/결핵/장티푸스

◈ 탈모 시작 자각 증상

1. 두피가 건조해 진다. 건조한 두피는 비듬과 가려움증을 유발하게 되며 결국에는 머리카락이 빠지게 된다.
2. 두피가 가렵다
3. 두피에 피지와 노폐물이 증가한다.
4. 빠지는 모발의 양이 증가하고 줄어들지 않는다.
5. 빠지는 모발의 굵기가 비슷하지 않고 가는 모발이 점점 증가한다.
6. 이마와 양옆의 모발이 가늘어지면서 빠진다.
7. 유난히 정수리 부분의 머리카락이 많이 빠진다.
8. 비듬은 많아지고 모발의 굵기가 가늘어진다.

(3) 원형 탈모증

  ① 일시적으로 동전만한 크기로 나타나는 탈모
  ② 원인 : 자율 면역계 손상

(4) 휴지기 탈모

  ① 시스템의 장애로 일어나는 일시적인 탈모 현상
  ② 원인 : 약물, 스트레스, 호르몬

(5) 질병에서 오는 탈모

  유행성 감기나 독감, 폐렴 등에 의해 심하게 열이 난 뒤 1~4개월이 흐른 뒤 갑자기 모발이 빠지기 시작하는 경우가 있다. 이것은 바로 성장기에 있던 모근이 고열로 인해 파괴되어 곧바로 휴지기로 돌입해서 발생하는 탈모 증상이다. 모 주기가 정상적인 상태에 비하여 짧아진 탓에 탈모 증상이 일어난 것이므로 휴지기 탈모증이라고 불린다. 그러나 휴지기의 탈모증의 경우 머리 전체가 한꺼번에 빠져 버리는 일은 발생하지 않는다.

(6) 비듬에서 오는 탈모

  비듬은 두피의 피지가 과다하게 분비되면서 나타나는 증상이다. 심한 가려움을 유발하여 머리를 빗고 나면 머리카락이 무더기로 빠지는 경우가 있다. 이런 증상이 나타나기 시작하면 탈모가 진행되고 있다고 봐야 한다. 자각 증상을 느낀다면 반드시 머리를 매일 감아 두피를 청결히 해야 하며, 두피 마사지나 음식을 가려 먹는 등 탈모의 진행을 막는 일련의 조치를 취해야 한다.

[표 2-7] 탈모의 진행 과정

		성장기	휴지기	차이점
정상	기간	수년간 지속	3개월	두껍고 건강한 모발로 바뀜
	현상	두껍고 긴 모발	빠지기 시작	
탈모	기간	수개월 지속	3개월	짧고 가늘어진 모발 (탈모 현상이 눈에 띄게 보임)
	현상	짧고 얇은 모발	빠지기 시작	

◆ 탈모가 나타날 수 있는 증상

1. 두피에 비듬이 생겼다 - 큼직큼직하고 축축한 비듬

2. 비듬이 어깨 위로 떨어진다 - 희고 작은 가루 같은 비듬

3. 두피가 가려워진다.

4. 머릿결이 끈적끈적하고 냄새가 나며 기름기가 낀다.

5. 두피에 기름기가 끼어 손톱으로 긁으면 때가 나온다.

6. 머리털이 윤기가 없다.

7. 머리털이 가늘어진다.

8. 머리를 감을 때 눈에 뜨이게 머리털이 많이 빠진다.

9. 자고 나면 베개 근처에 머리털이 많이 빠져 있다.

10. 머리 윗부분 뒤를 손가락 끝으로 문지르니 아프다.

11. 머리털이 갈라지고 잘 끊어진다.

5) 남성 탈모의 유형과 종류

남성형 탈모증의 특징 중 탈모 부위를 자세히 살펴보면 가는 솜털이 자라고 있거나 빈 모공 상태로 있는 것을 볼 수 있다. 일반적인 두피에 비해 두피가 반질반질한 것을 볼 수 있다. 이 같은 현상은 솜털이 자라고는 있으나 그 성장 주기가 짧아져 일찍 탈모 현상이 나타나는 것이다. 모발의 수가 적어도 모근 속의 피지선이 있어 계속해서 피지분비가 일어나 정상 두피에 비해 상대적으로 반질반질해 보이는 것이다.

[표 2-8] 탈모의 분류

분류	종류
휴지기성 탈모증	분만 후 탈모 피임약의 복용 후 탈모 남성형 탈모 지루성 탈모 다이어트에 의한 탈모 약물 복용에 의한 탈모
성장기성 탈모증	원형 탈모 압박성 탈모 약제성 탈모 반흔성 탈모 두부백선에 의한 탈모 매독성 탈모

(1) 탈모의 유형

① 전형적인 탈모 진행
초기에는 이마 가운데를 중심으로 양쪽으로 M자를 그리며 빠지기 시작하여 말기에는 뒷머리 부분만 남는다.

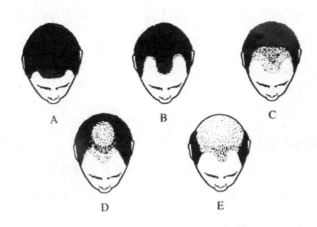

[그림 2-5] 남성형 탈모 유형(A-E)

② 앞머리 탈모

초기에는 앞이마가 넓어 보이다가 점차적으로 위로 빠지기 시작한다. 말기에는 위 머리 카락이 하나도 없다.

③ 정수리 탈모

초기에는 머리 상반부에서 원형을 그리면서 점차 확대된다. 말기에는 뒷머리 부분만 남는다.

(2) 옆머리와 뒷머리 두피 상태와 두발

옆머리와 뒷머리는 머리털 성장기, 퇴행기, 휴지기가 일정하게 진행되므로 거의 탈모가 없고 대머리가 되지 않는다. 옆머리 두피는 당겨지지 않고 항상 두피·속살이 두껍게 유지 되어 피가 잘 통하고 모세혈관까지 막히지 않아 두발의 필수 영양분이 충분히 공급되기 때문이다.

※ 뒷머리 털, 옆머리 털은 빠지지 않고 두피 윗부분(정수리)만 빠진다. 두피가 얇아져 두개골에 붙어 있는 부분만 머리털이 빠진다.

6) 남성형 탈모의 종류

탈모의 종류가 다양해지면서 남성형 탈모증의 형태, 증상에 따른 용어도 점차 세분화되고 전문적 용어 구분이 되고 있다. 현재 탈모의 형태학적인 분류는 남자의 경우 유전성 안드로겐 탈모증의 'Norwood' 분류 기준을 따르고, 여성 안드로겐 탈모증의 경우에는 'Ludwig' 분류 단계를 따르고 있다.

그 밖에 탈모증은 피부 조직 손상 정도에 따라 크게 반흔성과 비반흔성으로 구분한다. 특히 비반흔성 탈모는 보통 모발은 빠지고 있지만 피부 조직의 다른 기능은 그대로 남아 있는 경우를 말한다. 이 시기에 두피가 지방 분비, 땀 분비, 감각 기능 등 모든 기능을 상실하여 피부가 재생되지 않는 영구적인 탈모를 반흔성 탈모로 구분한다.

(1) Norwood 분류법

일반적으로 진행 상태에 따라 Norwood 분류법에 의해서 몇 단계로 구분된다. 이 시기에 탈모반의 형태에 따른 분류에서는 Hamilton의 분류에 따르면 8가지 종류로 구분 되어진다.

Hamilton의 분류에는 크게 M자형, U자형, O자형, C자형으로 구분된다. 여기서 이마 부위에서부터 점차적으로 모발이 가늘어져 탈모가 되는 것을 M자형이라 하고, 탈모반의 시작이 정수리부터 나타나는 것을 O자형, 그 외에 C자형, U자형 등으로 나누어진다.

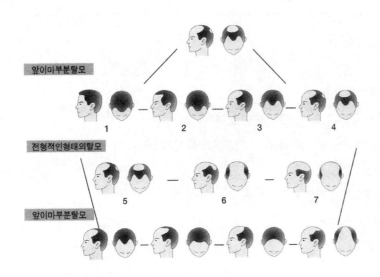

앞이마부분탈모

전형적인형태의탈모

앞이마부분탈모

[그림 2-13] Norwood의 7단계 분류

(2) MO형, MU형

각각의 탈모반이 서로 복합적으로 나타나는 경우에는 그 형태에 따라 MO형, MU형 등으로 구분된다. 대머리의 기준도 ear to ear 라인에서 top 부위로부터 이마 쪽으로 2㎝ 미만일 경우 혹은 후두부 쪽으로 넘어간 경우에는 대머리라고 분류한다. 그리고 앞이마의 경우에는 본인의 엄지를 제외한 손가락 네 개를 모아 놓은 넓이보다 넓으면 대머리로 구분한다.

(3) 탈모의 진행 과정과 유형

남성호르몬설, 말초순환장애설 이외에 남성형 탈모증의 간접적 원인으로써 피지분비 이상 및 세균에 의한 비듬의 과잉 발생으로 오는 것으로 생각하고 있다. 전두부에서 모발이 날 때, 비듬이 대량 발생한 부위는 국부적으로 홍반이 형성되어 휴지기 탈모가 증가한다.

◆ 남성형 탈모의 원인

1. 남성호르몬과 관계가 있다.

2. 모유두 및 모포 주변의 모세혈관의 순환 장애

3. 비듬 과잉 발생(피지분비 이상 및 두피 세균류의 증식에 의함)

4. 영양 불량

5. 털의 성장에 관여하는 각종 효소 활성의 이상(대사, 모근 기능 부활)

6. 피지샘의 피지분비 장애

7. 두피의 과잉 건조

(4) 남성의 M자형 대머리

남자 성인들의 탈모는 집단으로 머리털이 빠져 대머리가 되는 것이 특징이다. 이마 위 부분부터 빠지기 시작하여 이마가 넓어지면서 이마 모양이 'M' 자 형태로 변한다. 이마와 두피 경계선의 머리가 '一' 자형으로 빠져 이마가 훤하게 넓어지는 사람도 있다. 어떤 사람은 이마 윗부분 머리는 빠지지 않고 두피 정수리 부분이 빠져 둥근 접시 모양으로 탈모가 되어 두피 윗부분만 반짝반짝 빛나기도 한다.

(5) 남성형 탈모의 특징과 원인

남성형 탈모증은 머리카락이 빠진 후 다시 생성되지 않아 머리카락의 수가 줄어드는 증상을 '남성형 탈모증'이라 하는데, 이는 남성호르몬(안드로겐)의 영향으로 인하여 이마와 정수리 부분의 머리털에 대해서 발육을 억제시키는 것으로 알려져 있다.

남성형 탈모증은 이마의 양쪽이 M자형으로 머리가 띄엄띄엄 나는 경우와, 정수리 쪽에서부터 둥글게 벗어지는 경우, 그리고 전체적으로 벗겨지는 U자형 등 여러 가지가 있다. 또한 남성형 탈모는 유전적 인자에 의해서 징조가 결정되며, 보다 젊은 나이에 탈모가 시작될수록 탈모의 정도가 심해지는 경향이 있다.

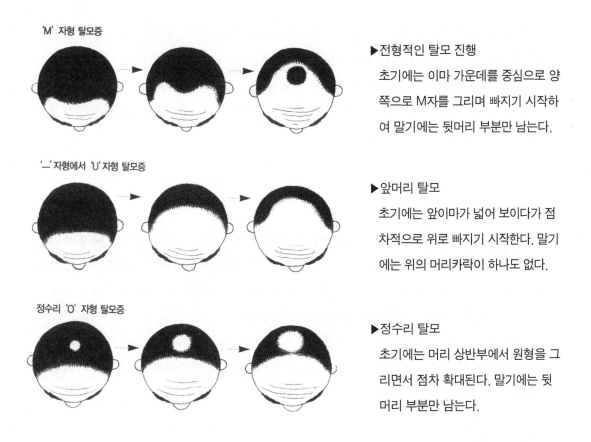

▶전형적인 탈모 진행
초기에는 이마 가운데를 중심으로 양쪽으로 M자를 그리며 빠지기 시작하여 말기에는 뒷머리 부분만 남는다.

▶앞머리 탈모
초기에는 앞이마가 넓어 보이다가 점차적으로 위로 빠지기 시작한다. 말기에는 위의 머리카락이 하나도 없다.

▶정수리 탈모
초기에는 머리 상반부에서 원형을 그리면서 점차 확대된다. 말기에는 뒷머리 부분만 남는다.

[그림 2-14] 남성 탈모의 M, U, O형별 탈모진행도

3. 두피 손상에서 오는 탈모의 조건

1) 내적 요인에 의한 손상

두피 손상의 원인 중 가장 문제가 되는 부분으로는 두피 및 모발이 인체 오장육부와 깊은 관련이 있다. 특히 호르몬 분비 이상, 스트레스, 식생활, 소화기관 이상 등으로부터 두피의 손상이 나타나고 있다. 여기서 탈모 관리를 하는데 제품과 기기에 의존하는 관리만으로는 효과를 보기 어렵다고 본다. 탈모를 예방하려면 내적 원인별 두피 작용을 살펴보고 종합적 두피 관리가 필요하다.

(1) 호르몬 분비 이상

인체에 있는 호르몬 중에서 남성호르몬의 분비는 피지선의 자극을 가져와 피지 분비를 촉진시키며, 과다 분비의 경우 두피가 지성이 되어 탈모가 생기게 된다. 지성 두피의 경우 일반적으로 남성호르몬이 많이 분비되는 사춘기에 많으며, 탈모에 있어서도 '지루성 탈모증'과 '남성형 탈모증'이 동시에 발생하는 경우가 많다.

내분비(호르몬)는 모 주기와 털의 형태에 영향을 미친다. 모 주기의 장애로써는 성장기의 개시를 방해하고 휴지기의 기간을 연장시키는 작용으로 인하여 탈모 증세가 나타나게 된다.

(2) 식생활

식생활은 두피에 있어서도 크게 작용하며 ①비타민 결핍, ②자극적 음식의 섭취, ③인스턴트식품의 섭취 등을 들 수 있다. 특히 비타민 결핍은 소량이라도 인체에 대해 크게 작용하는 것으로 두피에 있어서도 비듬 및 탈모 등과 같은 형태로 나타날 수 있다.

① A-비대증(영양 과다)

단백질이 지나치게 많거나 적게 먹게 되면 두피 발육이 불량해 진다. 과도하면 상피층이 두꺼워져 각화증이 일어나서 죽은 세포 역시 두꺼워져서 불규칙하게 조각으로 떨어지게 된다.

② B-영양 부족

모발에 영양이 부족하면 세포 재생산이 느려져 결과적으로 각질 세포층이 점차 약해져서 상피층이 쉽게 떨어져 비듬이 많아지게 된다.

(3) 계절적 요인

환절기(봄, 가을) 기후의 영향은 두피가 건조되는 현상에 따른 두피 비듬의 증가를 유발하며, 9~10월은 두피의 비듬 및 탈모 증가가 가장 많은 달이다. 특히 환절기의 건조함과 여름철의 잘못된 두피 관리와 고온 다습한 기후 등 계절적인 영향이 강하게 작용한다.

(4) 연령

나이가 들면서 피지선 및 땀샘에서의 분비가 떨어져 건조하거나 당김 현상이 생겨 두피 탄력이 약해 진다.

(5) 자외선

모발 손상의 원인인 자외선 및 드라이, 열 등은 모발의 노화를 촉진시킴과 동시에 두피에까지 영향을 준다. 그리하여 모발의 근본인 뿌리를 서서히 손상시키므로 사전의 모발 관리가 무엇보다 중요하다.

2) 두피 질병에서 오는 탈모 요인

두피의 이상으로 나타나는 두피 질환은 크게 두 가지로 구분할 수 있다. 피지가 과다하게 분비되는 지성 두피의 만성이 이뤄지고, 청결에 소홀할 경우 지루성 피부염과 모낭(毛囊)에 염증이 생기는 모낭염이다. 지루성 피부염은 지성 두피의 증상으로 시작되는데 피지에 세균, 곰팡이 등이 엉겨 붙어 가렵고 두피가 붉게 변한다.

특히 두피 환경이 나빠져서 모근 부위에 진균 작용으로 오는 현상이다. 심각한 두부백선이나 건선 등과 같이 피부 조직에 큰 영향을 주는 질환은 모발을 영구적으로 탈모시키는 요인이 될 수 있다.

'위' 와 '작은창자' 의 기능이 떨어지면 음식물의 소화흡수력이 떨어져, 두피의 신진대사 기능 저하로 모발 성장의 둔화 등을 가져온다.

(1) 모근의 파괴

모발의 근본 뿌리인 모근 부위가 화상이나 외상, 세균 감염 등으로 인하여 그 기능을 완전히 상실하였을 경우 모발은 재생 불가능한 상태가 된다. 이런 증상은 피부 조직의 외상뿐만 아니라 모구부 주변까지 완전히 파괴된 상태를 말한다.

(2) 모낭충(Demodex)

모구부와 피지선 주변에 기생하면서 영양분을 빨아먹고 서식하는 야행성의 일종이다. 모낭충은 주로 밤에 활동하면서 모구부 주변의 영양분 및 피지선 안의 피지 등을 먹고 살아가는 것으로 모구부 주변의 세포벽에 손상을 유발하여 탈모 현상을 가져온다. 그 밖에 피지선에 염증을 유발하여 두피 가려움 및 염증의 원인으로 작용한다.

3) 지루성 탈모증

두피에 피지 분비가 이상적인 증상으로 기름기가 흐르고 비듬과 각질이 피지에 엉켜 붙어 모공을 막음으로써 지루성 탈모가 일어나기 쉽다. 이런 원인으로 세균이 쉽게 번식함으로써 지루성 염증으로 진전될 수 있다.

[표 2-10] 지성 두피의 증상과 관리

구분	명칭	증상	원인	관리
지성 두피	피지루	피지선의 과잉 분비로 인해 과다하게 분비된 피지가 두피와 모발을 지성화시켜 지성 비듬, 탈모, 가려움증을 유발시킨다.	호르몬, 유전, 과다한 두피 마사지를 할 강한 샴푸에 의한 세발, 강한 모발 제품에 대한 중독	과다한 피지 분비 작용을 억제시키고 수렴과 진정 효과를 가지고 있는 하마멜리스를 원료로 하는 트리트먼트를 사용한다.
	다한증	과다한 땀의 분비로 인해 지성 두피와 모발은 얼굴 주변과 목덜미 부분에 영향을 미치게 된다.	일상의 스트레스와 피로, 부족한 영양섭취, 발열성 질병	

(1) 지루성 탈모증이 생기는 현상

피지선의 비대 및 과다한 피지 분비로 인하여 모발이 각질화될 수 있다. 이렇게 피지선에서의 원활하지 못한 피지 분비로 탈모가 되거나 머리에 피지선, 땀샘이 많아 다른 곳보다 기름 분비가 많아 미생물이 번식하기 쉽다.

피지선에서의 과다한 피지 분비와 두피 불결은 두피에 피지 분비를 막아 피지의 모근 안 역류를 가져올 수 있다. 이로 인해서 모낭과 모발의 결속력이 떨어져 성장기에 있는 모발이 손쉽게 탈락하는 현상이 나타난다.

4) 비듬

(1) 비듬의 정의

비듬은 자율적인 기저층의 분열로 인해 끊임없이 만들어지는 새로운 표피세포는 계속해서 위로 밀려나가고 결국에는 각질세포와 바뀌어 각질층이 된다. 이 각질세포는 표면에서 각편으로 되어 떨어지는 것을 흔히 비듬이라고 한다.

비듬은 두피에 각질세포가 쌀겨 모양으로 심하게 일어나는 현상으로 일종의 피부염, 즉지루성 피부염의 증상인데, 모든 형태의 각질이나 죽은 세포가 두피로부터 떨어져 나오지못하고 쌓여 있는 형태를 말한다.

비듬 역시 피부와 마찬가지로 두피의 상태에 따라 건성(乾性)과 지성(脂性)으로 나눌수 있다. 건성 비듬은 피지 분비량이 적은 사람에게서 필요 이상으로 각질이 떨어져 나가는 것으로, 두피가 건조해서 생기는 건성 비듬의 경우 머리를 자주 감으면 수분의 증발을촉진시켜 오히려 비듬 증상이 더 심해질 수도 있다.

[표 2-10] 건성 두피의 증상과 관리 구분

구분	명칭	증상	원인	관리
건성두피	외인성	극도로 두피가 당기고 가려움증이나 염증으로 인해 두피 손상을 일으킨다.	환경오염의 심화에 따른 오염된 물이나 부적절한 샴푸의 남용에서 온다.	두피에 혈액순환과 산소 공급이 원활히 되도록 하고 살균 효과 및 카모마링 성분이 함유된 제품을 사용하여 두피 관리를 한다.
	내인성	피지선과 땀샘의 기능이 떨어지고 건선이 나타난다.	노화 고정에서 곧잘 나타나며 유전이나 호르몬 이상에서 온다.	증상의 원인을 알기 위해 먼저 의사의 진단이 필요하다.
두피경화	두피가 딱딱해져 혈액순환이 원활치 못하게 되어 탈모가 유발되는 현상으로써 의사의 진단이 우선되는 질병이다.			

비듬이 탈모를 일으킨다는 것은, 즉 각질이 두피의 호흡을 막아 모발 성장에 나쁜 영향을 미치기 때문이다. 비듬이 심하면 가려움증을 느끼며, 심한 경우 따갑고 피부가 갈라지기도 하며, 귀 뒷부분이나 이마가 빨갛게 되는 증상을 나타내기도 한다.

(2) 비듬을 동반한 비강성 탈모의 특징

두피 상태에 따라 비듬 관리법은 다르다. 비듬은 두피의 각질층 세포가 쌀겨 모양으로 떨어져 나가는 것으로 정상적인 생리 현상이다. 정상인도 며칠간 머리를 감지 않으면 생길 수 있는 것이다.

이 탈모증의 원인으로 생각되는 것은 피지의 질적 이상, 위장장애, 비타민 A 부족 등이나 유전적 요소가 많다.

① 비듬이 많고 가려움을 호소하나 두피에 염증은 없다.
② 두피는 건조성이고 광택을 잃으며 모근은 가늘다.

스트레스와 불규칙한 생활, 과로 등도 비듬의 원인이므로 규칙적인 식사와 함께 충분한 수면을 취하고 실내가 너무 건조하지 않도록 적절한 습도를 유지해 주는 것이 바람직하다.

(3) 지루성 피부염

지루성 탈모는 모공을 막아 두피가 숨을 쉴 수 없게 만드므로 탈모증을 일으키며 염증이 수반될 때는 더욱 심해진다.

이 비듬이 피지선에서 나오는 피지와 혼합되어 지루가 되며, 이것이 모공을 막아 모근의 영양장애와 위축 작용을 일으킴으로써 머리카락이 빠지게 된다. 지성 비듬은 선천적으로 모발에 기름기가 많은 사람에게 잘 생긴다. 비듬 입자가 크며 누렇고 끈적거리는 특징이 있다.

◈ 지루성 탈모의 원인

1. 잘못된 샴푸법에 의한 두피 불결과 그에 따른 모공 막힘 현상

2. 과다한 스트레스로 인한 남성호르몬의 자극과 피지선의 비대

3. 동물성 지방의 과다 섭취 및 식생활 불균형

4. 여성 질환에 따른 호르몬 분비 이상

5. 잘못된 두피 마사지와 과다한 스타일링제의 사용

6. 환경오염으로 인한 모공 막힘 현상과 피지 분비 이상

또 가렵다고 두피를 긁다 보면 지루성 피부염을 일으키기도 하는 만큼 각별한 관리가
필요하다.

피부 - 사춘기 - 비듬균(46%) - 비듬(74%) - 지루성 피부염(83% 이상)

↑ 작 용 ↓

환경, 식생활 분균형, 호르몬 이상 등. 비강성 탈모

[그림 2-15] 비듬 탈모

(4) 피지 확인 방법

1 눈으로 확인하는 방법

① 피지가 머릿결을 따라 흘러내린다.
② 머리가 무거워 보인다면 다한증일 수도 있다.
③ 이마와 코는 피지의 영향을 많이 받기 때문에 세심한 관찰을 요한다.

2 손으로 확인하는 방법

① 모발을 만졌을 때 기름기가 느껴지는 경우 → 발한 혹은 피지
② 두피가 부드러우면 → 액상 피지이다.
③ 두피가 딱딱하면 → 건성 피지이다.
④ 빗으로 부드럽게 긁어보면 → 피지가 두피를 덮고 있는 경우가 있다.

(5) 지루성 탈모의 관리법 및 예방법

비듬을 없애려고 하루에도 서너 차례 이상 머리를 감으면 오히려 두피를 자극해 비듬을 악화시킬 수 있다. 따라서 비듬 치료를 위해서는 머리를 '자주' 감는 것보다 '잘' 감는 것이 중요하다. 건성 비듬 초기 증상에는 비듬 치료용 샴푸가 도움이 된다.

너무 잦은 샴푸는 겨울철 비듬을 더욱 악화시킬 수 있다. 따라서 하루 한번이나 이틀에 한번 정도 샴푸로 머리를 감는 것이 적당하다. 젤, 스프레이 등 헤어 스타일링 제품도 두피에 강한 자극을 줘 비듬을 악화시킬 수 있는 만큼 자제하는 것이 좋다.

지루성 탈모의 예방 및 관리는 피지분비의 정상화와 산화 피지물에 의한 모낭 속 세균(모낭충)의 기생 방지 및 두피 청결 부분이 중요하다. 식생활에서 균형 있는 영양을 섭취하고 지방 관리를 잘하지 않으면 재발과 악화의 가능성을 지니고 있다. 관리법은 다음과

같다.

① 두피에 쌓인 노화 각질과 피지 산화물 제거를 위한 정기적인 스켈링과 영양 공급
② 두피에 자극을 덜 주면서 효과적으로 피지 분비를 조절할 수 있는 광선 요법
③ 피지 조절을 위한 기능성 샴푸제를 이용한 두피 세정과 염증 및 홍반, 모낭충과 비듬
　 균 등 세균 번식 예방을 위한 살균 관리를 병행한다.
④ 피지 밸런스를 조절할 수 있는 비타민 B_2, 비타민 B_6 성분이 첨가된 제품을 이용한 두
　 피 관리법

5) 원형 탈모증의 특징

원형 탈모증 중에서도 머리 뒷부분이나 옆 부분에 나타난 탈모 현상은 치료가 힘들어
사행성 탈모증이라고도 한다. 원형 탈모증에 있어서 25세 이하의 발병률이 75% 이상이며,
나이 및 남녀의 차이가 없다.
원형 탈모증의 특징은 탈모 부위의 경계가 뚜렷하고, 경계 부위의 모발이 쉽게 잘 빠진
다. 그리고 탈모가 시작되는 자리에 흰머리가 먼저 생기고, 그것을 뒤따라서 탈모가 시작
되는 수가 있다.

1 원형 탈모(alopecia areata)
건성과 원인이 비슷하며 자가 면역 질환으로 분류된다. 백혈구 세포들이 한 그룹의 피
부 또는 모발 속의 어떤 세포들을 공격한다. 아미노산 티로신과 아연의 섭취가 하나의 방
법인데, 티로신은 피부에서의 노아드레날린의 생성을 감소시키며, 그런 다음 자가 면역 반
응을 감소시킨다. 원형 탈모는 병이므로 치료용 식사를 해야 한다.

2 남성형 탈모(androgenetic alopecia)
지루성 피부염이 가장 큰 동반 질환이고, 여드름, 갑상선 질환, 천식, 고혈압 등이 동반

된다.

원형의 탈모 부위를 탈모반(脫毛斑)이라고 한다. 탈모반이 한 개인 것을 단발형(單發型), 두 개 이상 여러 개인 것을 다발형(多發型)이라 한다. 대체로 단발형은 경과가 좋고 자연 치유가 되는데 비하여 다발형은 악성의 경과를 밟는 수가 많다.

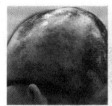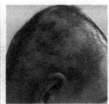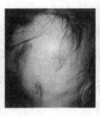

[그림 2-16] 여러 모양의 원형 탈모증

최근에 상당히 증가하고 있는 원형 탈모의 증상 특징을 살펴보면 아래와 같다.

① 탈모 부위가 원형으로 되어 있고, 모발이 나와 있는 곳과의 경계가 명확하다.
② 탈모 부위의 피부는 매끄럽지만 붉은색을 띠거나 막이 벗겨지듯 크고 작은 조각이 되어 떨어지는 현상 등의 증상이 뚜렷하지 않다.
③ 처음 탈모반은 한 개만 생길 수도 있고, 동시에 여러 개가 다발성으로 나타나는 수도 있다. 또 처음의 탈모반이 나은 다음 다른 탈모반이 연달아 생기는 경우가 있는가 하면, 다발형에서는 탈모반끼리 서로 겹쳐지기도 한다.
④ 털이 빠지는 넓이에 따라 여러 가지의 명칭이 있는데, 일반적으로 범위가 확대되어 가는 것을 악성 원형 탈모증이라 한다. 악성 탈모가 진전되어 두부의 모발이 모두 빠지는 것을 전두 탈모증(全頭脫毛症), 전신의 털이 다 빠지는 것을 전신 탈모증(全身脫毛症)이라고 한다. 이 때는 온몸의 털이 모두 빠진다.

4. 흰머리 예방과 영양

백발 현상이나 탈모가 생기는 것을 막으려면 두피 관리, 마사지가 중요하다. 백발은 멜라닌을 만드는 모발 속의 색소 세포의 작용이 쇠퇴하거나 없어지는 원인으로 인하여 발생하는 일종의 노화 현상이다.

선천적인 약물의 영향, 쇼크 등으로 인하여 백발이 나타나는 경우도 있다. 그러나 영구백발은 모발 자체의 생리 기능은 변함이 없고 멜라노 사이트(melanocytes)가 사멸된 것이 원인으로 나타난다. 요즘 연령층의 제한 없이 흰머리가 크게 늘어나는 가장 큰 원인은 직장인들의 과다한 업무 및 스트레스와 쇼크이다.

머리가 세는 것은 모발 속에 들어 있는 멜라닌 색소가 없어지기 때문이다. 유전 또는 정신적 충격, 혈류 장애, 위장 장애, 빈혈, 영양실조, 뇌하수체 장애 등 질병으로 인하여 멜라닌 색소를 만드는 기능이 떨어질 때 일어난다.

모발 손상의 원인은 본래 모발을 청결하게 유지하고 보호하기 위한 일상 손질과 빗질 중에 무리한 힘에 의하여 지모, 절모, 모소피 탈락과 같은 눈에 보이는 손상이 발생된다.

1) 멜라닌의 이상 증상

(1) 백모(Gray Hair)

흰머리는 노화의 한 현상으로 멜라닌 생성 속도가 점차 느려진다. 멜라닌 과립은 계속 만들어지지만, 멜라닌 과립의 수 자체가 줄어 든다. 그 결과 모발의 색은 엷어지고 약해져 전체적으로 모발의 색이 없어지는 현상을 보인다.

백모의 발생 부위는 측두부에서 시작하여 조금씩 두정부로 진행되어 후두부로 전이된다. 비타민 A와 철분 부족, 정신적 스트레스가 백모 진행 속도를 빠르게 할 수 있다.

(2) 카니시(Canities, 백모증)

두발의 색상이 전체 또는 백색의 군집을 이루는 백모증이다.

(3) 알바이노(Albinos, 백색, 백피증)

주로 남성에게 나타난다. 색소를 형성시키는 효소의 생성 능력이 없는 색소 결핍증이다.

◈ 대머리가 생기는 한방적 진단

대머리는 외인(질이 나쁜 샴푸 등), 불내외인(음식물 등), 내인(정신적 스트레스) 등 3가지 원인 때문에 생긴다. 그리고 대부분의 경우 대머리에는 내장, 특히 폐장에 질병이 숨겨져 있다.

한방에서는 모발의 증상을 위(衛), 기(氣), 영(營), 혈(血)의 4단계로 나누어 생각한다.

위(衛)라는 것은 모발이 푸석푸석하거나 지모가 생기는 단계다. 말하자면 대머리 예비군으로서 샴푸나 헤어팩을 바꿈으로써 회복시킬 수 있다.

기(氣)까지 진행되면 모발은 듬성듬성해 진다. 그러나 회복 불가능은 아니다. 제1단계인 샴푸와 헤어팩을 개선하고 멧돼지털 브러시로 브러싱을 하면 모발이 빠지는 것이 줄어들 수 있다.

영(營)까지 진행되면 모발은 벌써 상당히 듬성듬성 거리게 된다. 이것은 모발에 좋지 않은 음식물을 먹고 있기 때문이므로 하루 빨리 식생활을 바꾸지 않으면 듬성듬성 거리는 모발을 막을 수가 없다.

최근 한방에서는 약물 치료뿐 아니라 침 치료를 적극적으로 활용해 효과를 보고 있다. 특히 모발 관리에 효과가 있는 약물을 주사제로 만들어 두피에 주입하는 약침 요법과 피부침의 일종인 차침(車鍼)을 사용하여 전반적으로 두피에 일정한 자극을 주는 침법을 적용함으로써 두피의 혈액순환을 원활하게 하고 신진대사를 촉진시켜 양모에 도움을 주고 있다.

2) 한방 탈모의 증상과 치료

탈모는 장모 부위의 모발이 탈락하거나, 가늘어지거나, 퇴화되거나, 약해지는 것으로 한의학에서 원인은 크게 내인(內因)과 외인(外因)으로 구분한다. 내인으로는 정기 부족〔腎虛〕, 몸이 쇠약한 경우〔氣血 虛〕, 스트레스〔七情〕 등이 대표적이다. 외인으로는 몸에 순환되지 못하는 열이 축적되어서 머리털이 빠지는 습열(濕熱), 풍열(風熱) 등이 있다. 일반적으로 머리가 빠지면서 피로가 잘 풀리지 않고 늘 피곤하다거나 평상시와 다르게 쉽게 화를 낼 때 잘 생긴다.

5. 탈모증 관리법

1) 남성형 탈모증의 관리

머리를 감거나 빗을 때마다 수십 개씩 빠지는 머리카락 때문에 고민하는 경우를 우리는 종종 경험하게 된다. 더구나 기온이 내려가는 가을, 겨울이면 탈모 현상이 더 심해진다. 하지만 탈모의 원인을 정확히 파악하고 그 원인이 따라 적절한 관리를 해준다면 탈모를 예방하고 건강한 모발을 오래도록 유지할 수 있다.

(1) 남성형 탈모 예방법

   ① 피지선을 자극하는 자극적인 음식이나 당분의 섭취를 피한다.
   ② 탈모를 가중시킬 수 있는 두피 불결을 해결하기 위해 항상 두피 청결에 신경을 쓴다.
   ③ 정기적 관리를 통하여 모발과 두피에 영양을 공급한다.
   ④ 두피를 지나치게 자극하지 않는다.(잦은 염색, 스타일링제 사용 등)

⑤ 적당한 운동을 통하여 육체적, 정신적 스트레스를 해소한다.

⑥ 탈모 초기에 관리를 하여 탈모의 시기를 늦추어 준다.

2) 여성형 탈모증

여성 탈모는 여성호르몬의 분비가 50대 이후 서서히 쇠퇴하고 남성호르몬과의 균형 유지가 되지 않아서 일어난다.

대부분 머리의 앞부분과 정수리의 머리가 가늘어지면서 발전한다. 여성 탈모증은 남성의 대머리와는 달리 가운데 가르마를 기준으로 하여 모발의 밀도가 3단계(Ludwing의 분류 기준)에 걸쳐 점차적으로 연모화되는 탈모 유형이 있다.

탈모증의 원인으로는 ① 유전적인 요인, ② 남성호르몬의 작용, ③ 나이의 영향 등을 많이 받는 안드로겐성 탈모증 등이 있다.

여성 안드로겐 탈모증 혹은 여성 미만성 탈모증이라고 한다. 그러나 이 경우에는 이마 위의 모발 선이 유지되며 정수리 부위의 머리숱이 없어져 머리의 가르마 선이 뚜렷해지는 정도이다.

부신이나 난소의 비정상 과다 분비나 남성호르몬 작용이 있는 약물 복용이 원인이 되는 경우가 있다.

(1) 여성형 탈모증의 원인

① 유전적인 요인

② 잘못된 샴푸법이나 샴푸제의 선택 등으로 인한 모발 및 두피의 손상

③ 잦은 파마나 염색으로 인한 두피 손상

④ 과도한 스트레스

⑤ 폐경으로 인한 호르몬 밸런스의 이상

⑥ 무리한 다이어트로 인한 영양 불균형 및 인체 대사 기능 저하

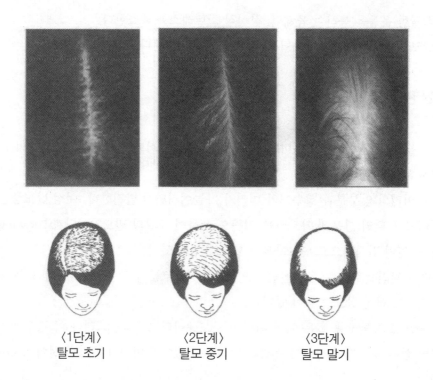

〈1단계〉
탈모 초기

〈2단계〉
탈모 중기

〈3단계〉
탈모 말기

[그림 2-17] 루드빅의 여성 탈모 3단계

(2) 여성의 유전성 안드로겐 탈모증

① 대머리의 원인
유전과 남성호르몬에 대한 모낭 세포의 반응 때문이다.

② 탈모증의 증상
서서히 탈모가 진행되어 나이가 들수록 두피의 윗부분이 훤히 비추어 보이는 여성들의 모습을 많이 볼 수 있다.

③ 여성에서도 대머리가 생기는 이유

안드로겐이 여성의 경우에도 난소와 부신에서 분비되기 때문인데, 유전적 소인이 있는 여성은 어느 정도 나이가 들면 호르몬의 영향으로 대머리가 진행된다.

3) 여성형 탈모의 증상과 확인 방법

(1) 탈모의 증상 확인법

여성 탈모의 증상을 확인하는 방법은 ① 임상 증상과 모발 관찰 ② 모발 직경의 감소 ③ 생장기 모발의 비율 감소 ④ 휴지기 모발의 비율 증가로 알 수 있다.

여성 탈모의 시기를 진단하는데, 원인을 살펴보면 아래와 같다.

① 호르몬 변화 : 임신, 피임약, 폐경기 후
② 다이어트 : 여성은 남성보다 탈모에 대한 다이어트의 반응이 크다.
③ 철분 결핍 : 철분 결핍이거나 다른 단백질 부족도 관여한다.
④ 원형 탈모 : 스트레스나 면역 이상에 의해 유발된 탈모는 자연 치유로 많이 해결할 수 있다.

(2) 탈모 예방을 위한 Home Care

탈모증은 건강상으로는 문제가 없지만 외관상 두발의 변화로 정신적이나 사회학적으로 심한 스트레스를 받는다. 미용학적 측면에서의 탈모 관리는 치료의 목적이 아니라 탈모 예방과 적절한 두피 및 모발 관리법을 제시하는 것이다.

① 클린징

두피와 모발에 쌓인 피지와 노폐물로 인해 탈모가 악화될 수 있다. 순한 샴푸를 사용하던지, 탈모 전문용 샴푸를 사용하면 효과적이다.

② 린스

적당량을 머리카락 3분의 2 정도만 발라 완전히 헹구어 낸다. 린스는 영양제와 같기 때문에 잘 헹구어 내지 않으면 두피에 남아 염증을 유발할 수 있다.

③ 빗질

빗살 끝이 둥근 빗을 사용해 정수리 부분이 아닌 양 귀 옆부터 시작해 정수리를 향해 위로 올려 빗는 것이 좋다. 정수리 부분에서 시작하게 되면 피지선을 악화시켜 피지가 과도하게 분비될 수 있기 때문이다.

④ 두피 마사지

탈모 예방 및 신장의 기능을 강화해 주는 것으로 알려져 있다. 동양 의학에서도 신장 및 내분비 기능이 왕성하면 모발에 윤기가 생긴다고 보고 있고, 자주 두피 마사지를 하면 두피의 혈행을 좋게 하고 긴장감을 해소시킨다.

(3) 탈모 예방

남성형 탈모증은 진행 상태에 따라 먹는 약, 바르는 약, 모발 이식 등을 시행한다. 요즘 가장 널리 쓰이는 먹는 약은 탈모를 유발하는 효소를 억제하는 것이다.

탈모의 예방을 위해서는 청결과 균형 있는 생활습관을 실행하고 담배나 술은 삼가한다. 특히 다이어트 및 편식을 하지 않는 생활습관이 중요하다. 반드시 충분한 수면과 자신에게 맞는 스트레스 해소법을 찾는다. 스트레스를 받아 두피가 긴장 상태가 지속되면 지성이 되고, 지방 분비가 많아지고, 모세혈관의 혈류가 나빠지며 두피 혈액순환이 나빠지면서 탈모 증상이 유발된다.

　또한 초조와 긴장은 자율신경 중의 교감신경을 흥분시켜 혈관을 수축하게 하고, 그 결과 혈행이 악화되어 역시 탈모 증상을 보인다. 그러므로 스트레스를 풀어주어야 탈모를 예방할 수 있다

4) 여성 탈모 예방 10계명

　탈모의 완전한 예방법은 아직 없다. 지금까지 일반적으로 거론되는 탈모의 대책을 정리해 보면 다음과 같다.

① 스트레스를 관리해 정신적인 안정 상태를 유지한다.

② 과로를 피하고 충분한 수면을 취한다.

③ 신선한 채소와 과일, 생선을 많이 섭취하고 칼슘(콩, 두부, 우유 등) 섭취를 늘인다.

④ 과도한 음주, 흡연, 커피, 인스턴트식품, 기름진 음식, 단 음식, 자극성 음식을 피한다.

⑤ 두피에 비듬, 피지 등 노폐물 등이 쌓이지 않도록 1~2일에 한번씩 머리를 감는다.
　비누보다 샴푸가 좋으며 린스는 두피가 아닌 머리카락에만 묻혀 잘 씻어낸다.

⑥ 두피에 너무 강한 자극을 주지 않는다. 빗이나 손톱으로 두피를 자극하거나 머리를 너무 세게 묶지 않는다.

⑦ 손이나 끝이 둥근 브러시로 적당하게 두피를 마사지한다.

⑧ 머리를 감은 뒤엔 잘 말린다. 머리카락을 비벼서 말리거나 너무 뜨거운 헤어드라이어를 사용하면 모발이 상한다. 타월로 톡톡 두드려서 물기를 제거한 뒤 헤어드라이어 바람을 약간 차게 해서 말린다.

⑨ 너무 자주 파마나 염색을 하지 않는다.

⑩ 헤어 왁스, 무스, 스프레이 등 스타일링 제품을 과도하게 사용하지 않는다.

5) 건강한 모발 관리법

① 젖은 모발은 완전히 말린 뒤 빗질한다.

② 모발을 샴푸하고 드라이할 때는 블로우 드라이를 사용하지 말고 드라이 타월을 한다. 이는 젖은 모발 상태에서는 모발이 부풀어져(팽윤) 있으므로 열 손상이 치명적일 수 있다.

③ 샴푸를 사용할 때 곱슬머리나 퍼머넌트 헤어 웨이브는 찬물로 하고 모량이 많은 모발은 따뜻한 물로 헹구어야 원래의 머릿결을 유지할 수 있다.

④ 헤어 젤이나 무스는 젖은 상태 모발에서 보다 모발의 물기가 완전히 제거된 뒤 도포한다.

⑤ 미역, 다시마 등 해조류와 호두, 땅콩 등의 음식은 모발의 성장을 돕는다. 카페인이 많이 든 커피와 홍차, 당분이 많이 든 음식은 그 반대이다.

⑥ 매주 한두 차례는 헤어 컨디셔너나 트리트먼트로 두피와 모발에 영양을 공급해 준다.

◆탈모 방지를 위한 10계명

1. 탈지력이 강한 샴푸를 피할 것

   필요 이상으로 강력한 탈지력을 가진 샴푸는 모발을 건조시키고 두피에 손상을 주며 검은머리를 이루고 있는 멜라닌 색소를 파괴한다. 약 산성의 것이 바람직하다.

2. 머리 감는 횟수는 1~2일간 1회가 적당

   머리 감기를 오랫동안 안하면 분비물에 의해 더럽혀져 두피를 자극, 염증을 일으켜 탈모를 쉽게 한다.

3. 드라이어 사용은 일정한 거리를 유지할 것

   모발의 주성분은 단백질이기 때문에 고열에 약하다. 100 정도의 고열을 내는 드라이어에 의해 파괴되기 쉽기 때문에 20cm 이상 두발로부터 거리를 두며 1개소에 30초 이상 쪼이지 않도록 한다.

4. 과도한 음주, 흡연을 피할 것

   흡연은 체온을 떨어뜨리고 혈행을 나쁘게 하므로 모발에 나쁜 영향을 미친다.

5. 편식을 피할 것

   영양의 균형이 유지되면 혈행에 도움이 되고 각종 미네랄은 두발의 성장에 직결된다.

6. 스트레스를 극복할 것

   원형 탈모증은 스트레스와의 관계가 가장 밀접하다고 알려져 있다. 정신적인 불안이 지속되면 혈행에도 영향을 미쳐 탈모의 원인이 된다.

7. 잠재되어 있는 질환이 있는지를 살필 것

   갑상선 기능 항진증, 갑상선 기능 저하증, 전신성 혼반성 낭창, 루푸스 등

8. 모자 착용을 피하라.

   탈모가 부끄러워 모자를 쓰는 경우가 많은데 오히려 탈모를 더 촉진할 뿐이다.

9. 모발을 착색하지 마라.

10. 탈모에 신경을 쓰지 마라.

Hair and Scalp management

chapter 3. 두피 및 모발을 위한 피부학

1. 피부란 무엇인가?

신체에서 가장 넓고 중요한 기관인 피부 및 두피에 관한 연구는 효과적인 피부 관리로서 뿐만 아니라 미용 서비스, 모발 및 두피 손질 방법 등에 대한 바탕이 된다.

피부는 체내의 모든 기관 중에서도 가장 큰 기관으로 중량이 3kg이나 되며 뇌보다 두 배나 무겁다. 피부는 세포막이라고 부르는 가장 넓고 특별한 조직으로 인체의 내부 기관과 외부 환경 간의 주요 완충제 역할을 한다.

우리 몸의 가장 바깥쪽을 싸고 있으면서 각종 세균과 독성 물질로부터 우리 몸을 보호해줌과 동시에 밖으로부터 여러 가지 자극을 느끼고 체온을 조절해 주며, 몸에서 생기는 노폐물을 배설해 주기도 한다. 이처럼 피부는 우리 몸의 보호 기관, 감각 기관, 체온 조절, 배설 기관으로서 생명 유지에 대단히 중요한 역할을 한다.

피부는 단순히 몸을 감싸고 있는 포장지가 아니라 살아 있는 장기이며 육체적, 정신적인 건강 상태는 피부색과 윤택성을 보고 파악할 수 있다. 또한 과로, 수면 부족, 변의 이상 등에 매우 예민하게 반응하는 등 무척 다양한 기능을 가지고 있다.

여성이라면 누구나 아름다워지고 싶어 하며, 피부에 대해서도 많은 관심을 갖는다. 살결은 미인의 중요한 요소로써 살결이란 피부의 결을 말하며 피부에는 색조, 탄력성, 윤기 및 촉감 등이 모두 포함된다.

피부는 밖에서 보면 큰 기능도 없어 보이고 모양도 단순한 것 같지만 의외로 다양한 기능을 가지고 있다.

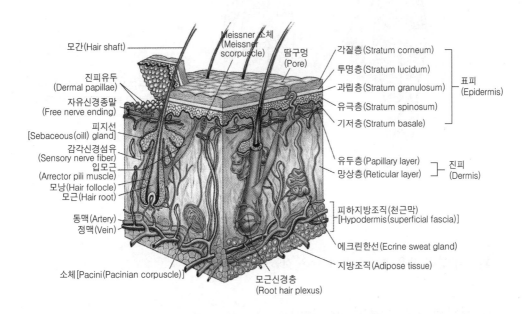

모간(Hair shaft)
Meissner 소체 (Meissner scorpuscle)
땀구멍 (Pore)
진피유두 (Dermal papillae)
자유신경종말 (Free nerve ending)
피지선 [Sebaceous(oill) gland]
감각신경섬유 (Sensory nerve fiber)
입모근 (Arrector pili muscle)
모낭(Hair follocle)
모근(Hair root)
동맥(Artery)
정맥(Vein)
소체 [Pacini(Pacinian corpuscle)]
모근신경층 (Root hair plexus)
각질층(Stratum corneum)
투명층(Stratum lucidum)
과립층(Stratum granulosum)
유극층(Stratum spinosum)
기저층(Stratum basale)
표피 (Epidermis)
유두층(Papillary layer)
망상층(Reticular layer)
진피 (Dermis)
피하지방조직(천근막) [Hypodermis(superficial fascia)]
에크린한선(Ecrine sweat gland)
지방조직(Adipose tissue)

[그림 3-1] 피부 조직의 구조

1) 피부의 기능

인체를 감싸고 있는 피부는 하나의 생체 기관으로서 여러 가지 기능을 수행한다고 볼수 있다. 즉, 병원성 미생물로부터 인체를 방어하고, 감각 기관의 기능과 함께 인체가 건조해지는 것을 방지하여 체온 조절에 관여하고, 자외선으로부터 인체를 보호하며, 내부 장기의 질환을 반영하여 면역 기관의 기능을 수행한다.

피부는 신체 내 장기를 보호하는 기능 이외에 면역 기능을 갖춘 첨병 겸 파수꾼이라 한다.

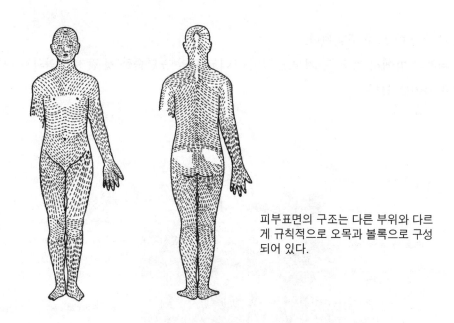

피부표면의 구조는 다른 부위와 다르
게 규칙적으로 오목과 볼록으로 구성
되어 있다.

[그림 3-2] 피부의 활선의 방향

피부의 생리 작용에는 다음과 같은 것들이 있다.

1 신체의 보호 작용(protection)

밖으로부터의 자극과 병원체의 침입을 방지하고, 햇볕이나 광선으로부터 몸을 보호한다.

2 체온 조절 작용

외기(外氣)에 의해서 체온을 조절한다. 즉, 추우면 피부는 오므라들어 체온이 발산하지
못하도록 하며 더우면 피부가 늘어나고 땀이 분비되어 체온을 발산한다.

3 분비 작용(分泌作用)

땀과 피하지방을 적절하게 분비해서 윤기 있고 탄력 있는 피부를 만들어 보호한다.

④ 지각 작용(知覺作用)

피부면에 지각신경의 말초 기관이 퍼져 있어 냉각, 온각, 통각, 촉각, 부위 감각 등을 깨닫는 일을 한다.

⑤ 흡수 작용

물에 녹은 물질은 한선(汗腺, 땀샘)을 통해서, 또 기름에 녹은 물질을 피하지방으로 인해서 잘 흡수된다.

⑥ 표정 작용

표정근(表情筋)의 작용에 의하여 기쁨, 노여움, 슬픔, 즐거움 등의 표정을 나타낸다.

[그림 3-3] 피부의 기능과 영양을 주는 요인

보호 작용		비타민 D 형성 작용
체온 조절 작용		표정 작용
감각 작용	피부의 기능	재생 작용
분비·배설 작용		면역 작용

2) 피부 관리의 필요성

현대 여성의 아름다움은 건강하고 활발하고 싱싱한 건강미가 아니면 안 된다. 그래야만 건강하고 활기찬 여성으로 정의할 수 있다.

언제까지나 젊고 아름답기를 희망하는 것은 누구나 원하는 바이다. 또한 피부의 아름다움은 건강의 상징이므로 화장품에 의존하여 가식으로 꾸미는 것이 아니다.

① 피부의 표면이 매끄럽고 반질반질하며 윤기가 있어야 한다.

② 피부에 닿았을 때 부드럽고 연한 느낌이 있어야 한다. 다시 말하면 피부에 탄력과 팽팽한 느낌이 있어야 한다.

③ 피부의 혈액순환이 좋아야 한다. 혈색이 좋고 싱싱하며 터질 것 같은 건강미가 있어야 한다. 피부는 항상 외계에 노출되어 있기 때문에 자칫하면 상처를 입거나 거칠어지기 쉽다. 그러나 피부는 몸을 보호하는 중요한 역할을 하기 때문에 웬만한 자극에 견딜 수 있는 강한 저항력이 있어야 한다.

3) 피부의 구성

피부는 표면에서부터 표피, 진피, 피하조직의 3층으로 이루어져 있으며 털, 손톱, 발톱, 한선(땀샘), 지방선(기름샘) 등의 부속 기관에 의해 피부는 형성된다.

피부는 표피(epidermis)와 진피(dermis)의 2층으로 되어 있다.

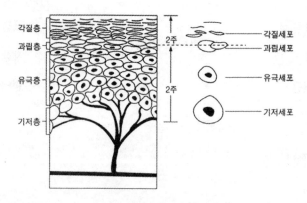

[그림 3-3] 표피의 확대경

표피는 겉에서부터 각질층(corneum), 과립층(granulosum), 유극층(spinosum), 기저층의 4층으로 나누어진다. 진피의 바로 위에 있는 기저층에서 각질 형성 세포가 분열을 일으켜 증식하여 차차 바깥에서 밀려 올라가면서 유극층, 과립층, 각질층을 형성하게 된다.

진피는 '참 진(眞), 가죽 피(皮)' 라는 뜻으로 말 그대로 '진짜 피부다운 피부' 라는 뜻이다. 영어로는 dermis라는 뜻으로서 표피[epi(上)+dermis(진피)]와 피하조직[hypo(下)+dermis(진피)]의 어휘와 비교 시, 역시 피부의 기준점은 진피(眞皮, dermis)라는 것을 알 수 있다.

피부를 구성하는 표피, 진피, 피하지방 조직의 각각의 층은 점막보다 유연성이 크고 기계적인 자극에 대한 저항력이 강하다. 표피, 진피, 피하조직 외에 피부에는 피부가 변형된 피부 부속 기관이 있다. 이는 각질 부속 기관(horny orgen)과 땀샘 부속 기관(cutaneous gland)으로 대별된다. 두피는 신체의 모든 피부와 구성이 비슷하나 모낭(毛囊)이 있다. 성인의 경우 피부는 신체 무게의 20%를 차지하는 넓은 면적으로 펼쳐 놓으면 1.6㎡ 정도 된다.

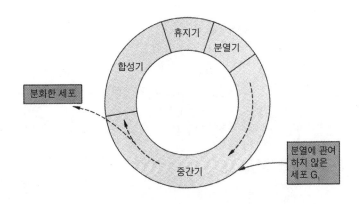

[그림 3-5] 표피의 분화 과정

피부는 수분과 지방, 단백질 및 무기질로 이루어진 성분들로서 피부 조직의 생리 현상과 관계가 깊다. 표피층은 구름처럼 굴곡된 면을 나타내며, 표피의 상피세포가 시일이 지나면 탈락되고, 기저층의 세포 분열에 의해 새로운 상피세포로 교체된다.

종자층의 세포는 계속 세포 분열에 의해 새로운 세포가 위로 올라오면서 최후에 각질층의 표면은 각편(때나 비듬)으로 떨어져 나가는 이동 과정(기저극상과립 각질세포)에서 수분이 점점 없어짐과 동시에 각화 현상(keratinization)이 이루어진다.

(1) 각질 형성 세포(Keratinocyte, squamous cell)

각질을 형성하는 모체 표피 세포의 80%를 차지하며 피부의 각질을 만들어 낸다.

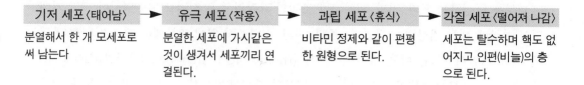

기저 세포〈태어남〉 → **유극 세포〈작용〉** → **과립 세포〈휴식〉** → **각질 세포〈떨어져 나감〉**

분열해서 한 개 모세포로써 남는다 / 분열한 세포에 가시같은 것이 생겨서 세포끼리 연결된다. / 비타민 정제와 같이 편평한 원형으로 된다. / 세포는 탈수하며 핵도 없어지고 인편(비늘)의 층으로 된다.

[그림 3-5] 피부의 일생

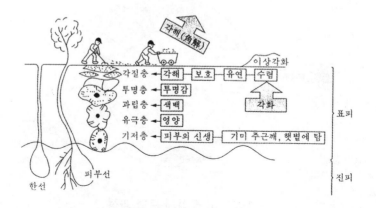

[그림 3-6] 표피의 신진대사

(2) 세포의 교체 주기

세포는 대략 4주 가량의 교체 주기를 가지고 있다.

① 각질 세포는 미세한 비듬 형태가 되어 피부로부터 자연스럽게 떨어져 나간다.

② 세포막이 점차 두꺼워진다.
③ 세포의 탈수 현상이 일어난다.
④ 섬유성 단백질을 형성한다.

4) 피부의 형성 과정

표피(epidermis)는 제일 깊은 곳에서부터 차례로 다음의 다섯층으로 이루어진다.

① 기저층(stratum basale, basal celllayer)
작고 규칙적으로 배열된 원주세포로 이루어져 있다. 이곳에서 세포 분열이 일어나서 점차 증식하고 바깥쪽으로 밀려 올라가면서 성숙하여 각질 세포가 된다. 기저층으로부터 생긴 세포가 각질 표면에서 탈락될 때까지는 약 4주가 걸린다.

② 유극층(spinosum)
표피 중에서 가장 두터운 층으로 가시 모양의 돌기가 보인다.

③ 과립층(franulosum)
이 층의 세포질이 과립을 함유하기 때문에 과립층이라 한다. 피부면이 끈적끈적하고 지방성의 물질로 덮여 있는 것은 과립이 기름 모양의 물질을 함유하고 있기 때문이다.

④ 투명층(lucidum)
손, 발바닥의 피부를 절단한 면에서 가장 잘 보이며 과립층에서와 같은 지방성 물질로 이루어져 있다.

⑤ 각질층(corneum)
피부의 수분 증발을 막고 이물질 침투를 막는 역할을 한다. 각질층은 죽은 세포가 겹겹

이 쌓여있고, 맨 위부터 차례로 피부에서 떨어진다. 이때 불필요한 물질도 함께 떨어져 나간다. 각질층은 10~20층의 각질 세포로 구성되며 그 두께는 부위에 따라 다르기는 하지만 대략 10mm 정도이다. 각질층은 몸 속 물의 증발을 막고, 외부의 이물질이 몸 안으로 침투하는 것을 막는 장벽 역할을 한다.

◆ 피부의 부피와 신체의 비중

인체에서의 피부는 몸무게의 7%(4kg)이며, 표면적은 약 1.6~1.8㎡이고 피부의 두께는 부위, 성별, 연령에 따른 차이가 있다. 피부의 가장 위쪽에 있는 표피는 손바닥처럼 두껍더라도 1.5㎜, 눈꺼풀처럼 얇으면 0.1㎜ 미만이다. 약 1.5~2㎜로서 평균 1.2㎜로서 손발바닥은 6㎜로서 두껍고 안검이나 이개, 음경, 음낭에서는 얇다. 피부색은 표피 내의 기저층에서의 색소 성상에 의하여 황백흑색으로 나타난다.

5) 피부의 생리적 특성과 교체 기간

피부는 '피부는 몸을 싸고 있는 단순한 껍질이 아니라 몸 내부를 비쳐주는 거울' 이라고도 한다. 피부 조직이 겉보기에는 건조한 것으로 보이지만, 건조한 것은 피부의 맨 마지막 한 층의 표피일 뿐이다. 인간의 피부는 표피, 진피, 상피 등 여러 층으로 이루어져 있다. 여기서 흐르는 혈액을 통하여 산소와 수분, 영양분을 충분히 공급 받아야 윤기가 흐르고 탄력을 유지할 수 있다.

표피의 가장 바깥쪽에 있는 각질층은 피부의 수분 증발을 막고 이물질의 침투를 막는 역할을 한다. 각질층은 죽은 세포가 겹겹이 쌓여 있고, 맨 위부터 차례로 피부에서 떨어진다.

세포는 표피의 맨 아래 부분인 기저층에서 만들어지고, 이 세포가 모양을 바꾸면서 각질층까지 밀고 올라가는데 약 26~42일이 걸린다. 그 후 이 세포는 각질층이 되고, 결국 때가 되어 떨어지는데, 이 과정은 약 14일 동안 이루어진다. 즉, 세포는 40~56일을 주기로 새로운 세포로 교체되면서 몸에서 신진대사가 이루어진다. 맨 안쪽에 있는 피하 조직은 지방세포로 되어 있으며 탄력성이 매우 좋다. 지방 세포는 충격 흡수 장치와 같은 역할을 하여 근육을 보호하고, 피부를 통하여 손실되는 것을 막는다. 그러나 나이가 들면서 피하 조직이 얇아지게 되면 이러한 생리적 기능을 잘 수행하지 못한다.

2. 피부의 타입에 의한 증상 구별

1) 피부의 형태(Form of skin)

나이를 먹음에 따라(with aging) 피부는 탄력을 잃고 점점 얇아진다. 이러한 건성 피부로 되는 변화는 주름살을 늘게 하며 때때로 검은색 점이 생기는 노화 진행 과정 역시 유전 인자에 의해 결정되지만, 자외선에 지나치게 노출되었을 때 노화는 더욱 촉진된다.

2) 피부 유형의 분류

1 정상 피부
피지 분비 및 땀샘의 기능이 원활한 정상적인 피부

2 건성 피부
피지 및 땀샘 기능 저하로 인하여 정상 피부에 비하여 각질이 많으며 표면이 거친 피부

3 지성 피부
피지 분비 및 땀샘의 기능 과다로 인해 표면이 번들거리고 지저분한 피부

④ 건지루성 피부

피지는 과잉 분비되고 땀샘 기능은 저하되어 수분이 부족한 피부

⑤ 여드름 피부

피지의 과잉 분비, 과각화 현상, 세균 등으로 여드름이 있는 피부

⑥ 민감성 피부

각질층이 너무 얇고 피부 조직이 섬세하며 피지가 부족한 피부

⑦ 모세혈관 확장 피부

일종의 민감성 피부로 실핏줄이 보이는 피부

⑧ 복합성 피부

두 가지 이상의 피부 유형이 부위별로 나타나는 피부

⑨ 노화 피부

자연 노화와 광 노화에 의한 수분 부족 및 탄력이 떨어진 피부

⑩ 색소침착 피부

멜라닌의 과다 분포로 인하여 피부 색소에 이상이 있는 피부

　사람은 다 각각 자기 자신의 피부 타입에 알맞은 화장품을 선택하여 사용해야 된다. 자신의 피부 타입이 건성, 지성, 정상 여부에 따라 화장품을 선택해야 한다. 또 자신의 피부가 알레르기 과민 방응이 있다면 그러한 성분을 제거한 제품을 사용하여야만 안전할 수 있다.

[표 3-2] 피부의 타입별 형태와 트러블

피부의 상태	기름기가 많은 피부	기름기가 있는 피부	촉촉한 피부	보통 피부	건조되기 쉬운피부	약간 건조한 피부	건조한 피부
	지나치게 많다		분비가 왕성하다	알맞다	분비가 적다		지나치게 적다
피지의 분비	기름기가 있는 피부			보통 피부		건조한 피부	
	피지의 분비가 많고 길이 굵다. 여드름이나 뽀루지가 생기기 쉬운 피부다.			촉촉하며, 혈색이 좋고 매끄러우며 결이 고운 피부다.		피부에 습도가 적고 항상 건조되어 있다.	

3) 피부의 분류

각화의 상태가 피부에 미치는 영향은 매우 크며, 피지량도 피부에 영향을 미친다. 예전에는 피부 타입을 건성 피부, 중성 피부, 지성 피부로 크게 3가지로 분류하는 것이 일반적이었다.

이러한 분류는 피부의 꺼칠꺼칠한 상태와 기름지다는 것을 동일 선상에서 서로 반대되는 성질이라고 본 시각이었다.

지성 피부는 알칼리에 민감하므로 알칼리성 비누나 세안제를 사용하지 말아야 하며, 지성 피부에 적합한 크린저를 선택하여 아침저녁으로 사용하도록 한다. 지나친 세안은 피부에 자극을 주어 피지 분비를 증가시키게 되므로 주의해야만 한다.

[표 3-3] 피부에 따른 증상

피부의 상태	피부의 특성
아주 건강한 피부	웬만한 자극에는 반응하지 않는 튼튼한 피부, 상태는 아주 양호하다.
건강한 피부	피부 타입에 맞는 제품으로 스킨케어 하면 된다. 신체의 리듬이 깨지지 않도록 신경을 쓴다.
약간 민감한 피부	생활이 불규칙하거나 피로하면 화장품 알레르기를 일으킬 수 있는 피부, 세안을 깨끗이 한다.
민감한 피부	환절기나 건조한 환경에서 가려움증이나 발진이 생기는 피부, 화장품 사용에 주의한다.
아주 민감한 피부	화장품 알레르기, 아토피성 피부염이나 지루성 습진을 일으킨 피부, 피부과 진찰을 받아 보는게 좋다.

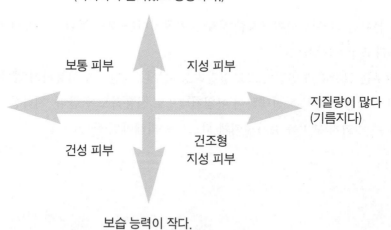

[그림 3-7] 피부 타입

4) 피하 조직(Hypodermis, Subcutaneous Tissue)

피하 조직은 진피 밑에 있는 지방 조직층으로 그 두께가 개개인의 연령, 성별, 건강 상태에 따라서 다르다. 이 지방 조직은 인체에 부드러움을 주고, 윤곽을 갖게 해주며, 에너지로 사용할 수 있는 지방이 포함되어 있어서 외부의 충격에 대한 쿠션 역할을 한다. 이곳에는 동맥과 림프액이 순환되고 있다. 모든 세포막에는 그 구조상 지방(fat) 분자 또는 지질(lipid) 분자가 들어 있다.

피하 조직은 섭취한 영양분을 에너지로 쓰고 남으면 그것을 지방으로 바꾸어 저장해 두었다가 필요한 때 꺼내 쓰기도 한다. 이층에는 특히 풍부한 지방 조직이 있는데, 신체 부위에 따라 차이가 많고 남성보다는 여성에서 더 발달되어 있다. 일반적으로 남녀 모두의 복부나 둔부에서는 잘 발달되어 있지만 안검, 음경, 음낭, 이개 등에는 피하 지방이 없다.

피하 지방이 발달하면 몸의 선이 둥글고 곡선미가 있지만 너무 많이 축적되면 비만의 원인이 된다.

5) 피지선(sebaceous gland, oil gland)

사람의 피지 분비량은 개인차가 심하나 많으면 지성 피부, 적으면 건성 피부라 한다. 피부의 표면에 분비된 피지와 땀이 혼합된 얇은 막인 피지막은 모발이나 피부의 표면을 둘러싸고 있다.

모근부의 상부 1/3 지점에 위치하고 있는 피지선은 모근의 형성에 있어 가장 먼저 자리잡는 부분으로 문제성 두피의 발생이나 남성형 혹은 지루성 탈모증과 깊은 관계가 있으며, 특히 남성호르몬(androgen), 항체호르몬, 식생활, 스트레스 등의 내적 자극에 영향을 많이 받으나 신경의 지배는 받지 않는 부위 중의 하나이다.

[표 3-4] 피지 분비량

피지 분비량	대	중	소
증상	지성 비듬 발생, 모공(毛孔)이 막히며, 광택이 있고 부드럽지 않으며 쉽게 더러워진다.	적당한 유분과 습기로 윤기와 탄력이 있고 부드럽다.	마른 비듬이 발생, 건조하며 광택이 없고 기모, 절모 가 된다.

(1) 피지선의 형태

피지선의 형태는 꽈리 모양(포도송이 모양)을 하고 있으며, 모공 부위와 연결되어 있어 피지선에서 분비된 피지는 모공을 통하여 외부로 분비되는 형태를 띠고 있다.

피지선은 피부 바로 밑에서 모낭과 접하여 마치 포도송이처럼 달려 있으며, 짧은 배설관으로 협부모초에서 모낭과 통한다. 이 피지선은 지질을 생산하는 구조로 모낭과 연관되어 발생하며, 이러한 피지선의 활성 조절은 신경의 지배를 받지 않고 남성호르몬인 안드로겐에 의해 민감하게 반응하고 있다.

[표 3-5] 피지 분비와 조성 등의 요인

내부 요인(1차 요인)	외부 요인(2차 요인)
연령, 성별, 인종, 호르몬 등	온도, 마찰

(2) 피지막의 작용

피지막 속의 지질, 수분, 산성 물질(약산성) 등은 피부나 모발을 보호하는 역할을 하고 있는 외에 다음과 같은 작용이 있다.

① 모발이나 피부에 광택을 주고 매끄럽게 한다.
② 모발 속 수분의 휘발을 막아준다.

③ 병원 미생물에 의한 감염을 방지

④ 알칼리성 물질에 의한 피부 장해의 방지

⑤ 빗질 등에 의한 마찰 방지

(3) 피지막의 기능

1 살균, 소독의 기능

분비된 피지막은 외부의 세균(모낭충, 비듬균 등) 및 바이러스, 곰팡이균, 진균(비듬, 건선, 백선, 지루성 피부의 원인균) 등의 침투로부터 두피 및 모근을 보호한다.

2 보습의 기능

외부 환경으로부터 두피 및 모발의 수분 증발을 억제시키며, 또한 과다한 수분의 유입을 차단하는 기능을 한다.

3 중화의 기능

외부 알칼리 제품(펌제, 염모제 등의 화학물질)에 의한 모발 및 두피의 pH 균형을 조절하여 주는 기능을 지니고 있다.

4 윤기 및 광택 부여의 기능

5 비타민 D 생성의 기능

피지에 존재하는 프로비타민 D는 자외선과 결합하여 비타민 D로 변환된다.

◆ 교원질과 탄력소

교원질(Collagen)

진피의 주성분 건조 중량의 70~80%를 차지하는 세포 밖에서 교원질 분자의 교차(cross link)가 일어나는 교원질에 속하는 단백질로서 형성되어 있다. 이 교원질은 결합조직으로 구성되어 있고, 섬유모 세포에서 생성(pro-collagen)되는 교원섬유와 탄력섬유가 그물모양으로 서로 엉켜(triple helix)있어 피부에 탄력성과 신축성(장력)을 준다.

탄력소(Elastin)

피부 탄력을 결정 짓는 탄력성이 강한 단백질로서 피부의 파열을 방지하는 스프링 역할을 한다. 즉, 당기면 늘어났다가 놓았을 때 원래 형태로 돌아간다.

엘라스틴(Elastin)은 진피에서 발견되는 단백질로서 순수한 형태를 얻기는 어려우나 분자 구조는 콜라겐보다 크다. 이 성분은 어린 포유동물에서 추출하여 화장품으로 제조, 건성 피부에 사용하며 이는 유연성 증가와 피부의 긴장감 증가에 특히 효과가 있으며, 주로 표면 보호제로 많이 사용한다.

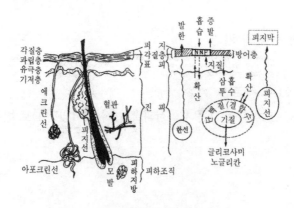

[그림 3-8] 피지선과 모낭의 약도

6) 각질층 보호

피부 자체가 함유하는 수분량은 피부결을 좌우하는 가장 중요한 요소이다. 즉, 피부 자체의 수분이 충분하면 피부결이 매끄럽지만 부족하면 피부결의 감촉은 거칠어진다는 뜻이다.

피부 각질층의 수분 함유량은 약 10~20%일 때가 가장 적당하다. 수분의 양이 10% 이하로 떨어지면 피부가 건조되기 시작하여 탄력성이 없어지고, 주름이 눈에 띄고, 염증을 일으키기 쉽게 되는 여러 가지 피부 트러블을 유발하는 원인이 된다. 각질층은 앞서 설명한 바와 같이 외부에 대한 성벽 내부에 대한 댐 기능으로 외부 환경 변화에 대한 정보를 피부 안쪽에 전달해 주는 고감도 자동 감지기 역할을 한다.

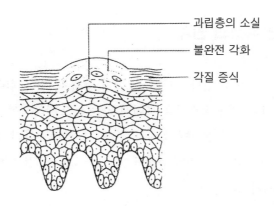

과립층의 소실

불완전 각화

각질 증식

[그림 3-9] 각질층이 증식에서 탈락하는 과정

3. 피부와 멜라닌 색소

1) 멜라닌이란

멜라닌은 검은 색소로써 멜라닌 양이 많고 적음에 따라 흑인, 황인, 백인으로 구분된다.
백인들은 선천적으로 멜라닌 색소를 만들지 못하기 때문에 피부가 희다. 반대로 흑인은
멜라닌 색소를 다량으로 가지고 있기 때문에 검은색을 나타낸다. 꼬리별(유성) 모양을 하
고 있는 멜라닌은 일종의 단백질 성분으로 피부 표면에 가까울수록 갈색에서 흑갈색 또는
흑색이 된다.

임부의 젖꼭지, 외음부, 겨드랑이 밑의 피부색이 검어지거나 하복부 중앙에 선상으로 색
소 침착이 눈에 띄는 것도 이 색소 세포 자극 호르몬 분비가 많아지기 때문에 생기는 것이다.

2) 모발과 멜라닌 색소의 관계

멜라닌에는 두 가지 종류가 있다. 피부나 모발의 갈색 및 검은색과 관계가 있는 유멜라
닌이 있으며, 모발에서 황색과 적갈색을 보이게 하는 페오멜라닌이 있다. 멜라닌 세포 수
는 종족에 관계없이 일정하며 멜라닌 소체의 수, 크기, 멜라닌화의 정도, 분포, 그리고 각
질 형성 세포와의 관계가 피부 색소의 결정에 매우 중요하다. 검은 피부에서는 흰 피부보
다 멜라닌 소체의 크기가 크다.

3) 멜라닌의 생성 과정

뇌하수체 중엽인 멜라닌 생성 세포 자극 호르몬(melanocyte stimulating hormons,
MSH)의 분비가 촉진된다. 생성된 멜라닌은 세포돌기를 통하여 각질 형성 세포로 전달되
고 각질층으로 퍼져 색소로써 자리 잡게 되며 각질층의 탈락으로 함께 떨어져 나간다. 이

색소는 자외선으로부터 피부를 보호하기 위한 반응이 불규칙적으로 생겨 일반적 피부 톤과는 구별이 된다.

피부색에 영향을 미치는 요소는 여러 가지 있는데 자외선, 멜라닌, 세포 자극 호르몬, 부신피질 자극 호르몬, 에스트로겐, 프로게스테론, 안드로겐 등이 관여한다. 피부가 자외선에 노출되면 멜라닌 세포 수, 크기가 증가하며, 수상돌기도 증가한다. 그리고 멜라닌 형성도 증가하게 되어 피부의 색소가 검게 되는 것이다.

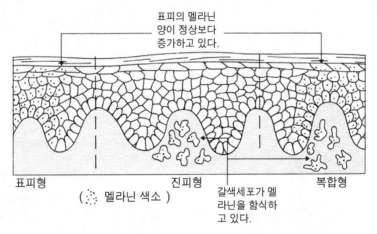

표피의 멜라닌 양이 정상보다 증가하고 있다.

표피형   (⋮ 멜라닌 색소)   진피형   갈색세포가 멜라닌을 함식하고 있다.   복합형

[그림 3-10] 피부의 표피와 진피에서 멜라닌이 증가되는 과정

4) 한선(땀샘, Sweat gland)

한선(sweat glands)에서는 땀을 분비하며, 피지선(sebaceous glands, oil glands)에서는 피지를 분비한다. 한선은 코일형의 밑부분(기저, 한선체)과 관상형의 관(땀관)으로 되어 있으며, 한선의 관은 땀구멍이 있는 피부 표면에 닿아 있다. 모든 인체는 한선이 분포되어 있고 손, 발바닥, 이마와 겨드랑이에는 더 많이 있다. 한선은 체온을 조절하고 인체의 노폐물을 제거하는 것을 도와준다. 온도가 높아지거나 운동, 약의 복용이나 감정에 따라서 한선의 작용은 크게 증가된다.

한선은 땀샘이라고 하며, 땀을 만들어 피부 표면에 분비하는 기능을 한다. 한선은 끊임

없이 활동을 하지만 땀의 분비량은 체온의 변화, 근육의 활동 상태, 자율신경의 자극 상태에 따라 달라지고 하루의 수분 섭취량에 따라서도 달라진다.

　일반적으로 성인의 경우 1시간에 약 30cc, 1일 약 700~900cc 정도의 땀이 분비된다. 이들 대부분은 체온 조절을 위해 증발되고 일부분은 피지막을 막는 역할을 한다. 땀의 성분은 99%가 수분, 약 1%는 고형질인 염화나트륨, 요소, 유산, 크레아틴, 요산 등을 함유한다.

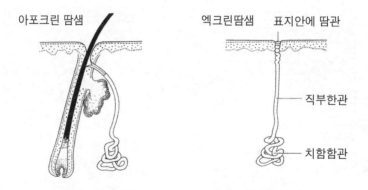

[그림 3-11] 땀샘의 아포크린과 엑크린의 분포샘

[표 3-6] 소한선과 대한선 비교

	소한선(Eccrine sweat gland)	대한선(Apocrine sweat gland)
생성 시기	태어날 때부터 독립적/진피 안에 위치	사춘기 때 신해지다가 갱년기가 되면서 위축
위치	독립적/진피 내에 위치	모낭에 부속/소한선보다 깊고 크다.
분포	전신(손, 발바닥에 많다.)	특정 부위(겨드랑이, 사타구니, 배꼽, 젖꼭지 주변 등)
색/향	무색, 무취	독특한 향
역할	체온 조절, 노폐물 배설	유혹

한선에는 크기와 기능에 따라 소한선(에크린한선, eccrine sweat gland)과 대한선(아포크린한선, apocrine sweat gland)의 두 가지로 나눌 수 있다. 아포크린은 모낭에 부착된 코일형의 구조이며, 피지선의 구멍을 통해서 땀을 분비한다. 아포크린선의 코일 모양 분비선은 에크린선에 비해 몇 배 크므로 대한선(large sweat gland)이라 하며, 이에서 분비되는 땀에는 특유의 냄새(특히 겨드랑이 냄새, 액취증, osmidrosis axillae)가 있으며, 양이 적고 유색으로서 단백질, 탄수화물을 함유, 배출되면 빨리 건조하여 모공에 말라 붙는다.

5) 피부의 감각

피부에는 온각, 냉각, 촉각, 압각, 통각 등을 느끼는 점상으로 된 감각점이 있다. 이런 피부의 감각점에 의한 피부 감각, 표면 감각과 고유 수용기에서 유래되는 근육과 건, 관절의 신전 감각과 위치 감각인 심부 감각, 고유 감각을 합쳐서 체성 감각이라 한다.

[표 3-7] 감각의 분류

체성 감각 : somatic sensation	표면 감각(피부, 점막) : superficial sensation 촉각, 압각, 온각, 냉각, 통각 심부 감각 : deep sensation 근, 건, 관절에 의한 감각

Chapter **4**

두피 모발 관리를 위한
해부생리학

Hair and Scalp management

chapter 4. 두피 모발 관리를 위한 해부생리학

1. 인체 해부생리와 기능

1) 우리 몸은 어떻게 생명을 유지하고 있는가?

인체는 대단히 복잡한 활동을 하고 있는데, 그 복잡한 활동을 해석하고 생명에 관한 여러 가지 의문점을 밝히려는 학문이 인체생리학이다.

인체 및 그 구성 요소(세포, 조직 및 기관)들이 각각의 목적에 따라 고유한 역할을 갖고 있는 것을 기능이라고 한다. 예를 들면 심장의 기능은 혈액을 온몸으로 순환시키는 것이며 신장(kidney)의 기능은 요(urine)를 생성하는 것이다. 또한 피부는 인체를 건조 및 기타 외부의 자극으로부터 보호하고 체온의 변화를 조절하는 것이 그 기능이다.

2) 인체의 기관과 계층

(1) 생명체인 세포의 기능

생체는 생명력의 유지, 즉 생존 그 자체가 가장 중요한 것이다. 인간이 생존을 위하여

인체의 각 부분은 끊임없이 활동하여 내부 환경의 항상성을 유지시켜야 한다. 생명을 유지하기 위해서 활동하는 구조적, 기능적 최소 단위가 세포(Cell)이다. 세포는 종류에 따라 각기 다른 작용을 하고 있으며, 세포의 물질 교환, 영양소로부터 에너지 획득, 단백질의 합성 등의 작용을 하고 있다.

[표 4-1] 인체 기관과 기능

기능	관련 기관 계통	관련 기관
자극 반응과	신경계	뇌와 뇌신경, 척수와 척수신경
	신경계	뇌와 뇌신경, 척수와 척수신경
대사, 장 기능	내분비계	뇌하수체, 갑상선, 부갑상선, 췌장, 난소, 장소, 송과체
호흡, 대사 기능	호흡계	코, 인두, 후두, 기관, 기관지, 폐
영양 기능	순환계	심장, 동맥, 모세관 및 정맥 림프관과 림프절, 비장, 흉선, 편도
영양 기능	소화계	입, 식도, 위, 소장, 대장, 항문, 간, 췌장, 담낭, 타액선
배설 기능	비뇨기계	신장, 요관, 방광, 요도
생식 기능	생식계	난소, 자궁, 난관, 질, 정소, 정관, 부정소, 정난, 전립선, 음경
운동 기능	골격계	뼈, 연골, 관절
	근육계	골격근, 심장근, 평활근, 근막, 건, 건막, 활액낭

인체를 기능별로 나누면 세포, 조직, 기관, 계통 등의 크고 작은 단위는 모두 유기적으로 조직화되어 있다. 이렇게 몸은 전체적인 협동 작용을 함으로써 생명력을 가진 하나의 개체가 탄생되어 각 기능에 맞게 활동함으로써 생명체를 유지한다.

몇 개의 세포나 조직은 다른 종류의 세포나 조직들과 모여서 좀더 복잡한 기능을 가진 집합체인 기관(organ)을 만든다.

신체 활동은 조직과 기관의 기능적인 단순한 통합이 아니라 기관계로 다시 기능적 연관을 이루어서 더욱 고도의 활동을 하는 단위로 묶여져 있다.

[표 4-2] 인체의 기관별 구성과 기능

기관계	구성	기능
소화계	입, 식도, 위, 간, 취장	영양의 섭취, 소화, 흡수
순환계	심장, 혈과, 혈액 : 림프절, 림프관	물질 운반, 보호 작용, 조절 작용
호흡계	코, 기도, 기관, 폐 및 관련 기관	외부와 혈액 간의 기체 교환
배설계	신장, 수뇨관, 방광, 요도	배설물 배출, 항상성 조절
감각계	눈, 귀, 피부, 코, 혀	자극의 수용
신경계	신경, 뇌, 척수	자극의 전달과 통합, 조절
내분비계	뇌하수체, 갑상선, 부신, 정소, 난소	신체 기능의 화학적 조절
외피계	피부, 털, 땀샘, 손, 발톱	몸의 보호, 체온 조절, 감각
골격계	뼈, 연골	몸의 지지, 운동, 이동
근육계	골격근, 내장근, 심장근	몸의 운동, 체내 물질 이동
생식계	정소, 난소, 자궁 및 관련 기관	종족 보존

① 세포 : 생물의 구조적, 기능적 최소 단위

② 조직 : 여러 세포가 일정한 목적을 위해 배열하고 특징적인 기능을 나타내는 세포 집단

③ 기관 : 2개 이상의 조직이 모여 실질적인 기능 수행

④ 기관계 : 연관된 기관들이 협력하여 동일 목적을 수행하기 위한 통일된 체계

(2) 신체 부위별 해부도와 이름

해부학적 자세에서 신체는 발을 붙이고 서게 된다. 팔은 신체를 따라 자연스럽게 내리고, 손바닥은 앞을 향하고, 엄지손가락은 신체와 떨어진 곳을 가리킨다.

모발 관리를 위해서 몸의 구조와 기능을 알고 관리하는 지식이 필요하다고 본다.

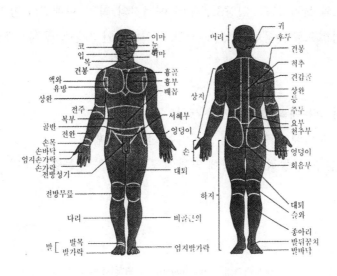

[그림 4-1] 인체의 외형으로 본 명칭

3) 세포와 조직의 기능

(1) 세포의 구조와 기능

생체는 생명력의 유지, 즉 생존 그 자체가 가장 중요한 것이다. 생존을 위하여 인체의 각 부분은 끊임없이 활동하여 내부 환경의 항상성을 유지시켜야 한다. 생명을 유지하기 위하여 활동하는 구조적, 기능적 최소 단위가 세포(cell)이다.

(2) 세포의 기능

우리 몸의 세포는 항상 새로운 것으로 대치하는 데는 다양한 영양소가 요구된다. 여기에서 필요한 영양소는 에너지, 성장, 조직의 수선 및 체내 대사 조절에 이용된다.

세포는 종류에 따라 각기 다른 작용을 하고 있으나 기본적 활동에는 많은 공통점이 있다. 예를 들면 세포의 물질 교환, 영양소로부터 에너지의 획득, 단백질의 합성 등은 어느 세포에서도 같은 방법으로 작용하고 있다. 세포의 일반적인 기능을 구체적으로 요약하면 다음과 같다.

① 동화 및 이화 작용에 의해 에너지를 생산
② DNA와 RNA에 의해 유전 정보를 조절하여 단백질을 합성
③ 확산, 여과, 삼투, 능동적 운반 등에 의해 세포막을 통하여 물질을 운반

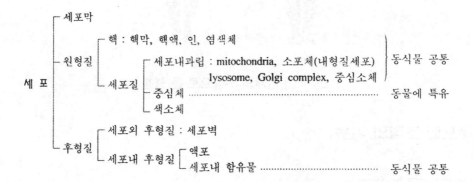

[그림 4-2] 세포의 구성

4) 조직의 분류와 기능

(1) 조직의 분류

인체의 세포는 특수한 기능적 전문성에 의해 같은 성질을 가진 세포들끼리 모여서 근육이나 뼈와 같이 하나의 조직(tissue)을 만들게 된다. 일정한 목적을 가지고 배열하여 특징적인 기능을 나타내는 세포의 집단, 인체 조직은 기능 세포와 세포간(물)질로 구성된다. 신경 조직, 근육 조직, 결합 조직, 상피 조직, 골 조직으로 나뉜다.

① 신경 조직
몸을 구성하는 기관, 조직, 세포의 활동을 전체적으로 통합하여 움직이도록 조정

② 골 조직
인체의 형태를 유지함과 동시에 내부 장기를 지지하고 보호

③ 근육 조직
힘을 발생시키고 몸이나 내장의 운동을 담당

① 골격근 : 뼈를 움직임으로 신체 운동을 일으키는 기능 - 수의적
② 심장근 : 심장 수축 기능 - 불수의적
③ 내장근 : 렌즈 변경, 기모(ex. 닭살) - 불수의적

④ 결합 조직
몸의 여러 부위를 서로 연결시켜 주는 기능과 몸 전체나 기관을 지지해 주고 있다.

⑤ 상피 조직
기관의 표면을 덮고 내부의 관과 연결관의 바탕이 되며, 피부 외층으로 구성되어 있다. 상피 조직의 역할을 살펴보면 장기, 체강, 기관의 내외 표면을 싸서 보호하는 역할을 하며, 흡수, 분비, 감각의 기능도 지니고 있다.

⑥ 색소 조직
색소 조직(pigment tissue)은 세포질 속에 색소 과립을 함유하고 있는 조직으로, 대표적인 것이 흑색의 멜라닌 색소 과립을 들 수 있으며 안구의 망막 및 맥락막, 홍채, 진피 등에서 볼 수 있다.

7 피하 조직

피하 조직은 진피의 안쪽에 많은 지방을 함유한 조직으로 이 세포가 지방을 만들고, 이를 세포 내에 저장하는 역할을 하고 있다.

(2) 결합 조직의 구성 세포

간엽 세포, 섬유 세포(결합 조직 섬유 생성), 세망 세포, 지방 세포, 형질 세포(항체 생성), 비만 세포(히스타민 생성), 조직구(식작용) 등

[표 4-3] 결합 조직의 구성 섬유

섬유	주성분	특성	부위
교원 섬유	교질	백섬유	뼈, 인대, 힘줄
탄력 섬유	탄력소	황섬유	동맥, 탄력 인대, 탄력 연골
세망 섬유	교원 섬유와 유사	가는 섬유	비장, 림프 조직

2. 혈액의 기능

혈액은 호흡 기능을 도와서 산소를 폐로부터 각 조직으로 옮기고, 각 조직에서 나온 이산화탄소를 폐로 운반한다.

모든 영양은 소화 기관에서 흡수한 영양 물질을 각 기관과 조직 세포로 운반하며, 여기서 생성된 노폐물을 신장, 폐, 피부 등과 장 등의 배설기관을 통해서 배설시킨다.

신체의 대사에서 생성된 에너지를 온 몸에 분산시키고 호흡기나 피부를 통해서 몸 밖으로 방출하기도 한다.

1) 혈액의 일반적 기능

① 호흡 작용 : O_2 및 CO_2의 운반
② 조절 작용 : 호르몬, 산과 염기 평형, 수분, 체온
③ 영양 작용 : 영양소의 운반, 용존
④ 배설 작용 : 대사 노폐물
⑤ 보호 작용 : 백혈구에 의한 방어, 혈액 응고
⑥ 운반 기능
 • 영양소의 운반 : 소화관에서 흡수된 영양소나 대사산물을 혈액의 순환에 따라 온몸
　　　　　　　　에 운반한다.
 • 가스의 운반 : 폐에서 산소를, 말초에서 이산화탄소를 받아서 운반을 한다.
 • 배출의 기능 : 이산화탄소, 대사 산물, 요소, 요산, 크레아티닌 등을 폐나 신장으로
　　　　　　　운반한다.
 • 체온의 조절 : 혈액은 체내의 열 발생기에서 열을 받아들임으로써 온몸을 돌며
　　　　　　　체표면의 혈관에서 열을 발산시킨다.
 • 호르몬의 운반 : 내분비는 신체 각 부위의 활성에 필요한 호르몬을 합성하며, 혈액은
　　　　　　　　합성된 호르몬을 표적 기관으로 운반한다.

2) 혈액의 조성

혈장과 세포 성분으로 되어 있다. 모든 혈액량은 몸무게의 약 8%에 해당되며, 그중 80%가 수분이다. 혈액의 약 90%는 혈관계를 순환하며, 나머지 10%는 간이나 비장 내에 저장된다.

혈액 중에 남자는 평균 500만 개/mm³, 여자는 450만 개/mm³의 적혈구가 들어있고, 적혈구의 36%는 혈색소인 헤모글로빈으로 되어 있다. 혈액의 성분은 다음 [그림 4-3]과 같이 구분한다.

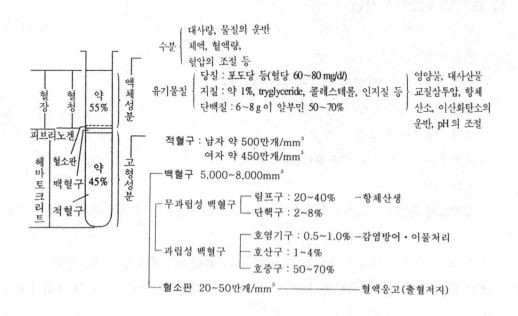

[그림 4-3] 혈구의 구성

(1) 적혈구의 기능

혈액에서 산소를 운반하는 것은 적혈구 속에 있는 헤모글로빈이다. 헤모글로빈은 필요에 따라서 혈액에 용해되어 있는 O_2와 결합하거나 유리된다. 헤모글로빈의 한 분자는 O_2 네 분자와 결합할 수 있다.

(2) 백혈구

유핵의 세포로서 다른 물질을 삼키거나 항체를 생산한다. 면역 기능을 가지고 있을 뿐만 아니라, 조직을 재생하는 기능도 갖고 있다. 그 밖에 골수 및 림프절에서 백혈구가 만들어진다.

3. 두피와 얼굴 구조

(1) 얼굴이란

얼굴이라 하면, 일반적으로 이마의 머리카락이 난 부분에서 아래턱까지의 범위를 가리킨다. 해부학적으로 안면부는 뇌를 수용하고 있는 두부(뇌두개)와 눈, 목, 코, 귀가 있는 안면부(안면두개)로 나눌 수 있다. 그중 안면부는 비근, 관골궁, 외이공을 연결하는 선에서 턱까지 부분을 말한다.

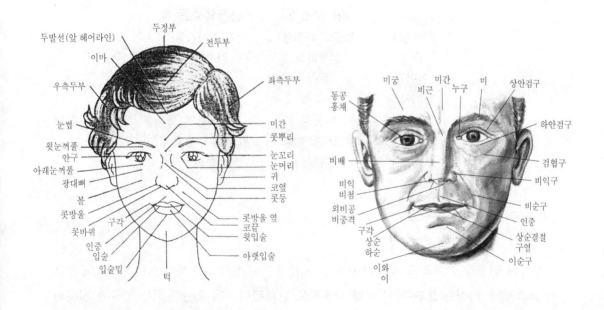

[그림 4-4] 얼굴의 표면 구조와 명칭

(2) 아름다운 얼굴이란

　얼굴의 모양은 그 사람의 첫인상을 결정하기 때문에 용모의 아름다움은 매우 중요하다. 이마가 비교적 넓은 역삼각형의 얼굴, 쌍꺼풀이 길게 진눈, 입체감이 있는 코, 부드럽고 애교 있는 입매, 고르고 하얀 치아, 약간 도톰하면서도 균형미 있는 귀 등이 미인의 조건으로 친다.

　추한 얼굴, 즉 못생긴 얼굴과 아름다운 얼굴의 차이점이라고 하면 얼굴의 모든 수용기는 물론 전체적인 '균형과 조화'에 중점을 두고 있다. 얼굴에 전체적인 '비율'이 이루어질 때, 이는 바로 미의 기준을 둔 해석이라 할 수 있다.

[표 4-4] 남녀의 얼굴 특징

	여성적 요소	남성적 요소
안면 형태	둥글고 타원형	각지고 사각형
골격	섬세하다	강하다
안면각	둔각	예각
이마	수직적	경사
턱	타원형	각형
성격	부드러운 행동	강한 힘의 행동
성질	내향성	외향성

(3) 머리와 얼굴

　얼굴의 인중을 중심으로 해서 좌우 모습은 균형과 대칭의 요소로서 심미적으로도 중요한 요소이다. 이것은 또한 뇌의 지배 작용과도 관계된다. 즉, 오른쪽 뇌는 얼굴과 신체의 왼쪽 부위의 발달을 조절하고(잠재의식), 왼쪽 뇌는 의식적인 현실에 의한 구조적 영향의 결과로 신체의 오른쪽 발달에 관계한다(의식적 현실).

(4) 안면근

표정을 만드는 얼굴 근육은 표정근이라 불린다. 그러나 표정근 원래의 작용은 얼굴에 있는 눈꺼풀, 코, 입들을 움직이는 것이다. 표정은 뼈에서 시작하여 다른 부분의 뼈나 근육에 붙어 있거나 연결 조직으로 있는 근육은 안면신경의 지배를 받아 무의식적 표정으로 표출된다. 이것이 그대로 안면에 포착되어 안면의 표정과 밀접한 관계를 갖고 있다.

표정근은 횡문근으로 자신의 의사로 움직인다. 이 근육은 피부에 붙어 있으므로 피근이라 하고, 어느 것이나 얇고 작은 근육이다. 사람은 이 표정근이 고도로 발달하고 있다. 표정근 중에는 감정을 나타내는 데 관계가 깊은 것이 있다.

4. 인체의 골격과 두개골

1) 신체 부위별 해부도

인체는 머리, 목, 몸통, 사지로 구분한다. 몸통은 흉곽, 배, 골반으로 나뉘며, 사지는 팔과 다리로 나눈다.

머리와 목은 아래턱의 가장자리부터 턱관절과 유돌기를 지나 바깥 후두융기에 이르는 선을 경계로 나누고, 머리는 눈과 귀를 연결하는 선을 경계로 머리와 얼굴로 나눈다.

머리의 각부 명칭은 일반적으로 전두부(前頭部), 측두부(側頭部), 두정부(頭頂部), 후두부(後頭部)며, 얼굴은 안면골 14개와 설골 1개, 이소골 6개로 구성되어 있다. 그러나 헤어 커팅(hair cutting)이나 퍼머넌트 와인딩(permanent wedding) 기법에 따라 두발을 구획(블로킹 : blocking)하는 방법에 다소 차이가 있다.

피부 아래 아주 강한 섬유 조직(또는 tendon)인 The epicranial aponeurosis로 구성되어 있으며, 모발(hair)과 연결된 피부(skin)이다.

두피 근육은 모상건막(머리덮개근)이라고 하며, 뒤쪽과 앞쪽의 2개의 근육 다발로 이루어져 있으며, 근축의 뒷부분은 두개골의 뒷부분에서 생긴 후두골이다.

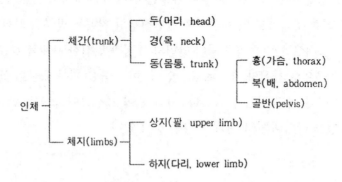

[그림 4-5] 신체 부위별 해부도와 이름

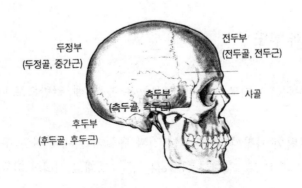

[그림 4-6] 머리 부분의 골격 이름

2) 신체 각 부위별 골격의 구조와 기능

인체의 주요 기관이나 장기를 수용할 수 있는 공간을 체강(body cavity)이라 하는데, 신

체 후면에 배쪽 체강과 전면의 복쪽 체강으로 구분된다. 배쪽 체강은 중추신경계를 포함하는 체강으로 뇌가 들어 있는 두개강과 척수가 들어 있는 척주강이 있다. 그리고 복쪽 체강은 심장, 폐를 수용하는 흉강, 간, 위, 담낭 등이 들어있는 복강 및 방광, 직장, 자궁, 등을 수용하는 골반강으로 이루어져 있다.

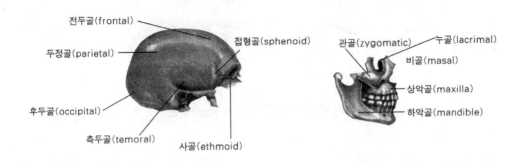

[그림 4-7] 두개골과 안면골의 이름

(1) 두상 골격의 구조

두피와 모발은 신경 말단이 많이 제공되는 곳으로 특히 보고에 대한 감각 정보가 많은 곳이다. 감각과 자극은 이마, 뺨, 턱과 두개골에 있는 작은 구멍을 통해서 뇌신경부터 제공되고 접촉 수용체는 표피의 유두층 바로 아래에 있다. 그리고 진피 깊은 곳에는 온도와 통증에 대한 수용채가 있다.

두피는 모발과 연결된 피부로서 피부 아래 아주 강한 섬유 조직으로 구성되어 있다. 두피 모발 관리를 위해서는 먼저 머리뼈에 대한 이해가 필요하므로 그림을 통해 이해를 돕고자 한다.

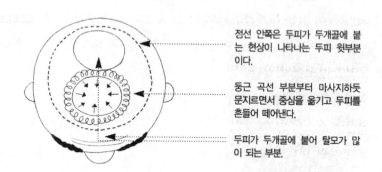

전선 안쪽은 두피가 두개골에 붙
는 현상이 나타나는 두피 윗부분
이다.

둥근 곡선 부분부터 마사지하듯
문지르면서 중심을 옮기고 두피를
흔들어 떼어낸다.

두피가 두개골에 붙어 탈모가 많
이 되는 부분.

[그림 4-8] 두피의 구조와 탈모되는 부분

머리뼈는 모두 8개로 전두골, 후두골 2개, 두정골 2개, 후두골, 그리고 사골과 접형골로
이루어져 있다. 그중 6개의 머리뼈는 두피, 모발 관리에 있어 중요한 요소로, 전두골에는
전두근이, 2개의 측두골에는 측두근이, 후두골에는 후두근이 위치하고 있으며, 2개의 두정
골 위에는 모상건막이 자리 잡고 있다.

3) 골격계

(1) 골격의 구조

인체의 골격은 대체로 무게가 9.1kg 정도밖에 되지 않지만, 인간을 서게 하고 걷게 하는
것 이외에도 많은 역할을 한다. 뼈들은 인체의 내부 기관들을 보호한다. 즉, 두개골은 뇌를
안전하게 보호하며, 흉곽은 심장과 폐를 감싸준다.

특정한 뼈들의 내부에 있는 골수는 인체 전반에 산소와 영양분을 운반하는 적혈구들을
생산하며, 다른 뼈들에 있는 골수는 해로운 박테리아를 파괴하는 백혈구들을 대량으로 만
들어 낸다.

골격계통은 사람의 형태를 유지하면서 근육을 부착시켜 운동을 할 수 있게 한다. 골격계통은 체내의 모든 뼈, 연골 및 이들을 연결하는 관절을 포함한다. 즉, 골격계통을 구성하는 조직은 뼈 연골 및 이것들이 떨어져 나가지 않도록 연결하는 인대이다.

골격계통의 기능은 지지, 보호, 운동 및 조혈 등이 있다. 뼈는 고층건물의 강철 기둥같이 신체를 지지하고, 견고한 뼈 상자를 만들어 그 속에 연한 조직을 보호한다.

예를 들면, 두개골은 뇌를 보호하고 심장과 폐를 보호한다. 또한 뼈는 관절을 움직이는 지렛대로 작용한다.

(2) 뼈의 기능

뼈는 가장 단단한 조직으로 많은 일을 하며 성장한다. 특히 뼈에는 혈관과 신경이 있는데, 뼈의 중요한 기능은 다음과 같다.

① 저장 기능으로 칼슘, 인 등의 무기질이나 염화물을 저장하고 필요에 따라 혈액을 방출한다.
② 조혈 기능으로 적색 골수에 의하여 활발한 조혈이 이루어진다. 장골의 골단, 편평골, 단골 등의 해면질에는 일생 동안 적색 골수가 있으며 조혈 작용을 하게 된다.
③ 보호 기능으로 내장, 뇌, 척수, 안구 등의 장기를 보호한다.
④ 지지 기능으로 코 등의 연부 조직을 형태적으로 지지하는 것 외에 추골과 하지의 뼈는 체중을 지지하는 작용을 한다.
⑤ 지렛대 작용으로 뼈에는 근육이 부착되어 있어 관절의 운동에 대해 지렛대의 역할 중 힘팔(force arm)의 작용을 한다.

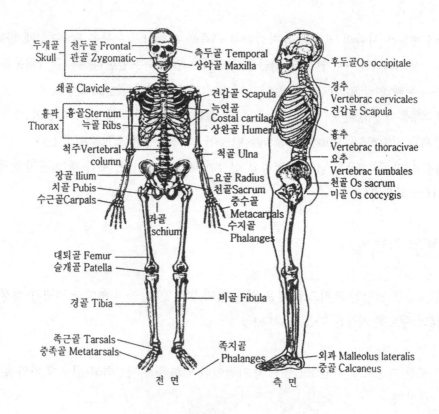

[그림 4-9] 인체 골격의 모식도

(3) 뼈의 분류

인체를 지탱해 주는 골격들은 두개골, 척추 및 흉곽은 인체의 206개 중에서 80개를 차지하며 나머지는 중추 골격을 형성한다. 그 밖의 뼈들은 부차적 골격이며 그중에는 어깨, 두 팔, 두 손, 엉덩이, 두 다리, 두 발의 뼈가 포함된다. 두개골은 28개의 뼈로 구성되어 있고 8개의 뼈들이 결합해서 뇌를 감싸고 있다. 어깨뼈들에는 삽 모양의 견갑골(어깨뼈)과 열쇠 모양의 쇄골이 있다.

척추에 한 쌍씩 고정되어 있는 24개의 늑골들은 두꺼운 흉곽과 함께 심장과 폐를 보호한다. 인체의 하반부에는 골반으로부터 발목과 발에 이르기까지 62개의 뼈들이 있다.

4) 근육계

(1) 근육의 기능

운동은 시시각각으로 변화하는 환경에 적응하는데 중요한 역할을 한다. 신체의 원만한 운동을 위해서는 뼈, 관절, 근의 협동이 필요하지만, 그 주역은 근이 맡고 있다

우리 몸의 운동은 근육이 수축하는 힘에 의해서 이루어진다. 근육의 기능은 주로 끌어당기는 일이며, 끌어당길 때에 부착되어 있는 구조물들은 움직이거나 고정된다.

근육은 탄력체이다. 이는 우리가 도약한 후에 발가락으로 착지함으로써 잘 알 수 있다.

① 운동 　　　　　　　② 혈액순환
③ 배분, 배뇨 　　　　　④ 자세 유지
⑤ 음식물 통과 　　　　⑥ 호흡
⑦ 열 생산

(2) 근육 조직의 특성과 분류

근육은 일반적으로 횡문근(골격근, 가로무늬근), 평활근(민무늬근), 심장근의 세 가지로 나눌 수 있다

횡문근(표정근은 예외임)은 양 골격에 부착되어 관절 운동을 일으키고, 심장근은 심장 벽을 구성하여 심장이 박동할 수 있게 한다. 평활근은 종적 무늬가 약간 있으며, 심장 이외에 내장의 여러 기관(위, 장, 혈관, 자궁, 소화관, 방광, 배뇨관 등)의 벽을 형성하고 있어 일명 내장근이라고 한다.

근육의 신경 지배를 관찰하면, 골격근은 우리의 의지에 따라 움직이기 때문에 이를 수의근이라고 한다. 내장근과 심장근은 의지에 관계없이 자율신경의 지배하에 있어서 불수의근이라고 부른다.

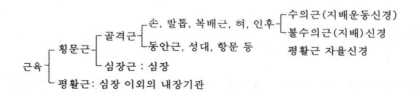

[그림 4-10] 근육의 분류

[표 4-5] 근육의 분류와 특징

근육의 종류	주요 기능	횡문근의 유무	지배 신경
골격근 속근 (백근) 골격근 지근 (적근)	골격의 위치 관계 변화 또는 유지 → 신체의 운동과 자세 유지	있음	체성 신경 (운동뉴런)
심근	심장의 펌프 작용	있음	자율 신경
평활근	장기의 운동	없음	자율 신경

(3) 골격근의 기능

골격계통은 사람의 형태를 유지하면서 근육을 부착시켜 운동을 할 수 있게 한다. 골격
계통은 체내의 모든 뼈 연골 및 이들을 연결하는 관절을 포함한다. 즉, 골격계통을 구성하
는 조직은 뼈 연골 및 이것들이 떨어져 나가지 않도록 연결하는 인대이다. 골격근의 일반
적인 기능은 다음과 같다.

① 운 동 : 골격근은 수축과 이완에 의하여 신체의 전체 혹은 그 일부를 움직여서 운동
을 한다.
② 자 세 : 골격근은 부분적인 수축을 계속하여 서기, 눕기, 앉기, 기대기 등으로 신체

의 자세를 유지시킨다.

③ 열 생산 : 모든 세포들은 신진대사에 의한 이화 작용을 통해서 열을 생산하여 체온을
   유지하는 기능을 갖고 있다.

근육의 수축이 길게 계속될 때까지 근육 중의 크레아틴 인산의 농도는 급속히 떨어지게
되며 ATP의 공급을 따로 구하지 않으면 안 된다. 근육이 중간 정도의 수축 활동을 할 때에
는 산화적 인산화 과정에 의하여 ATP가 공급된다.

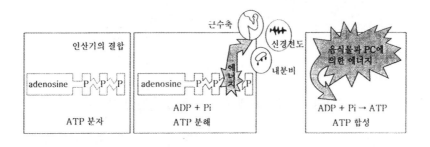

[그림 4-11] ATP의 화학적 구조와 합성 분해 과정

5) 신경계

(1) 신경의 기능

신경계란 몸 안과 몸 밖에 여러 가지 자극을 감수하여 이것을 중추에 보내고, 이에 반응
하여 중추에서는 그 자극에 대한 알맞은 흥분을 일으키게 된다. 이때 흥분이 신경계의 근
과 선 같은 말초 신경계에서 적절한 반응을 한다.

신경이란 인체와 내외 환경 사이에서 온갖 자극을 감지(지각)하고, 이것을 통제하며 그
에 따라 반응(운동)하는 기능을 가진 거대한 통신망으로 볼 수 있다. 지구상의 모든 컴퓨

터를 다 연결해도 인체의 신경계에는 미치지 못할 정도이다.

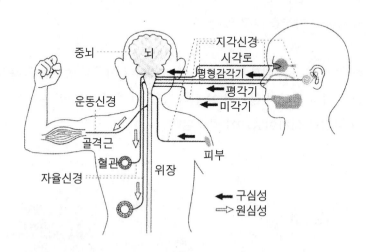

[그림 4-12] 신경의 통로와 구심과 원심 방향

◆ 두피 신경

두피와 모발은 신경 말단이 많이 제공되는 곳으로 특히 보고에 대한 감각 정보가 많은 곳이다. 감각과 자극은 이마, 뺨, 턱과 두개골에 있는 작은 구멍을 통해서 뇌신경부터 제공되고 접촉 수용체는 표피의 유두층 바로 아래에 있으며, 진피 깊은 곳에서 온도와 통증에 대한 수용체가 있다.

(2) 중추신경의 구조와 기능

　중추 신경계(CNS, 뇌와 척수)에서 나와서 몸의 다른 부위로 연결되는 신경이다. 말초신

경계에는 뇌에서 나온 뇌신경(12쌍)과 척수에서 나온 척수신경(31쌍)이 있고, 이 말초신경
은 다시 체성 신경계와 자율 신경계로 나누어진다.

체성 신경계는 중추신경을 피부와 근육에 연결시켜 줌으로써 의식적인 운동을 하게 한
다. 자율 신경계는 뇌의 중추신경을 직접 심장, 위, 창자, 그리고 여러 분비샘과 같은 내장
기관에 연결시키는 신경으로써 무의식적인 운동을 일으킨다.

(3) 감각 기관의 종류

감각은 각종의 감각기에 적합한 에너지 형태를 갖는 자극이 가해질 때 생긴다. 내외 환경
의 자극을 받아들이는 감각기에 발생된 임펄스는 구심성 신경을 통하여 대뇌의 감각 중추
에 이르고, 거기서 감각으로서 인식된다. 신경계통의 주요 기능은 아래와 같이 세분된다.

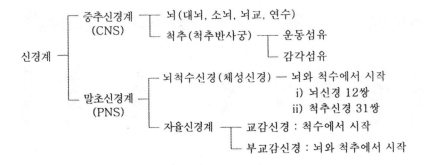

[그림 4-13] 신경계의 계통 분류

① 감각 기능

몸에 영향을 주는 상황의 변화를 인지하는 것으로 느껴지게 하는 기능이 곧 감각 또는 지각 기능이다. 한 변화에 개체가 조정 순응해야 하거나 방어해야 하는 것으로서 여기에는 시각, 청각, 미각, 후각 등의 특수 감각과 촉각, 통각, 온도 감각, 압력 감각 등이 있다.

몸에서 신경은 맡은 바 기능을 할 수 있도록 조정 또는 촉발시키는 것으로서 수축하게 한다든가, 분비물을 내보내게 하는 등의 기능을 말한다.

이러한 감각들이 피부에 퍼져있는데 냉온을 유지하는 신경 종말은 20만 개가 있다. 여기서 촉각 및 압각을 담당하는 신경 종말이 50만 개 정도, 아픔을 느끼는 신경 종말이 3백만 개 정도 분포되어 있다.

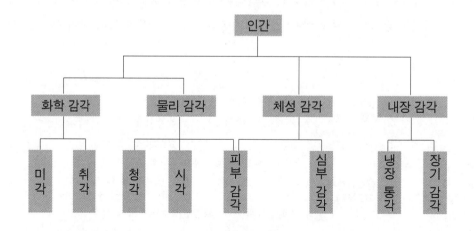

[그림 4-14] 감각 기관의 기능별 분류

(4) 피부 감각

피부에는 촉각, 압각, 통각, 냉각, 온각의 감각을 감지하는 수용기가 있다. 촉각은 모근 주변에 분포하며, 가장 민감하다. 압각은 가벼운 압력과 강한 압력을 감지하는 각각의 수용기가 있다.

피부가 갖고 있는 감각은 4 종류다. 따뜻하고 찬 느낌과 닿거나 눌리는 느낌, 아픈 느낌 등이다.

① 일반 감각 : 촉각, 통각, 온각, 압각, 냉각
② 특수 감각 : 시각, 청각, 미각, 후각

통각(pain sense)은 피부나 관절, 피부 밑의 심부 및 내장 등 신체의 거의 모든 곳에서 자유 신경 종말을 감지하는 것이다. 특히 통각이 민감한 곳은 각막, 고막, 손끝, 손, 안면 등이며 초점에 비해 밀도가 높다. 온각, 냉각, 촉각, 압각 등의 자극이 몹시 심해지면 모두 통각이 된다.

유해 자극이 가해지면 먼저 찌르는 듯한 통각이 일어나고, 그 후에 화끈거리는 참기 어려운 통각이 느껴진다. 망치가 발가락 위에 떨어진 순간은 날카롭고 위치가 분명한 통증을 느끼고, 그 후에는 통증이 가셨다가 맥박성인 느린 아픔이 발 전체에 퍼져서 발 전체가 아프게 느껴진다.

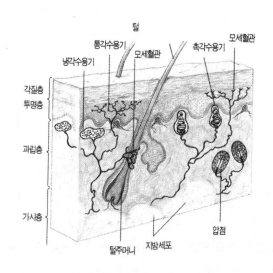

[그림 4-15] 피부의 감각기에서 감각 수용

6) 호흡계

(1) 호흡의 구조

생명체가 생명을 유지하기 위해서는 에너지가 필요하다. 이 에너지는 섭취하는 음식물에 포함된 고분자 화합물을 산화 과정에 필요한 산소를 섭취해야 하고, 산화 과정의 결과로 생성된 이산화탄소를 배출하는 기능을 한다.

폐포의 수는 정상인의 경우 약 3억 개 정도로서 이 표면적을 다 합치면 피부 면적의 40배 정도가 되는 70~80㎡(약 20평)나 된다.

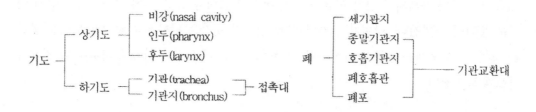

[그림 4-16] 기도와 기관지 분류

(2) 기도와 폐

우리 몸은 외계로부터 산소를 공급받고 체내 대사 활동의 결과로 생긴 탄산가스를 배출하는 가스 교환, 이른바 호흡을 영위하여 살아간다. 이렇게 생명 유지를 위한 호흡을 담당하는 기관이 폐(허파)이다.

인간의 호흡계는 폐로 공기를 정화하고 전달하는 영역으로 구성되어 있으며, 폐포라고 부르는 미세 구조적 공기 주머니에서 가스 교환이 일어난다.

[그림 4-17] 내 · 외호흡으로 환기

(3) 호흡기의 기능

호흡기는 공기 교환이 이루어지는 폐와 체외에서 폐까지의 외기도, 입이 통로가 되는 호흡기도의 두 부분으로 크게 나눌 수 있다. 비강, 후두, 기관, 기관지 등이 이러한 호흡기도에 속한다. 한편 기관지 점막의 내면은 섬모로 구성되어 있어, 부착된 이물이나 분비물을 섬모 운동에 따라 구강 쪽으로 밀어낸다.

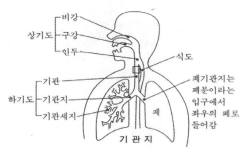

[그림 4-18] 호흡에 연관된 구조

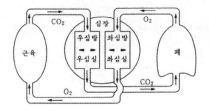

[그림 4-19] 호흡을 하는 과정

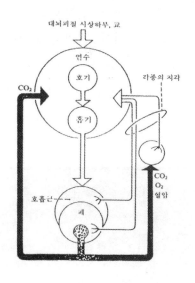

[그림 4-20] 호흡의 순환 과정

7) 심장과 순환계

순환계는 여러 가지의 조절 기전을 통하여 온몸의 각 기관에 필요한 혈액이 지나치게 많거나 부족하지 않도록 일정량을 공급한다.

이러한 순환 조절은 ① 혈액량 및 혈압 조절을 하는 혈관 운동의 조절, ② 혈액량의 증감에 대응하는 심장 기능의 조절, ③ 신장 등에 의한 체액량 및 혈장삼투압의 조절 등과 같이 전신적으로 일어나는 조절 방식에 의하여 조절된다.

(1) 심장의 구조

순환계의 중심 기관인 심장은 끊임없이 펌프 작용을 하여 혈액을 혈관계로 내뿜어 보내는 곳이다. 자신의 주먹만한 크기로 무게가 약 30g 정도인 심장은 오른쪽, 왼쪽 두 개의 심방과 두 개의 심실로 나뉘어져 있고, 우심방과 우심실은 정맥피가 흐르고, 좌심방과 좌심실은 동맥피가 흐른다.

① 좌 · 우 심방 : 혈액을 받아들이는 내강
② 좌 · 우 심실 : 혈액을 내보내기 위한 내강
③ 우심방 · 심실 : 폐심장, 소순환 심장
④ 좌심방 · 심실 : 체심장, 대순환 심장

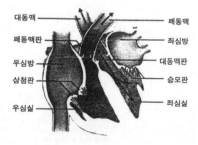

[그림 4-21] 심장의 구조

◆ 심장 내 혈액 순환

우심방 → 우심실 → (폐) → 좌심방 → 좌심실

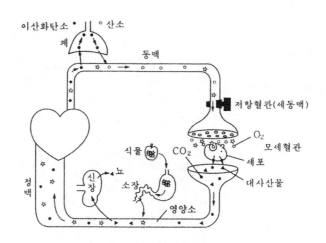

[그림 4-22] 산소와 이산화탄소의 교환 경로와 순환 과정

(2) 혈관

① 혈관의 기능

혈관은 혈액을 운반하는 통로로서 크게 동맥, 정맥 및 모세혈관으로 구분한다. 즉, 심장을 중심으로 하여 심장에서 말단 조직으로 흐르는 혈액의 통로가 되는 것이 동맥이며, 폐동맥을 제외하고는 산소를 많이 함유한 혈액을 운반하게 된다.

동맥도 크기에 따라 심장과 연결된 가장 굵은 동맥을 대동맥이라고 한다. 여기서 가지를 쳐서 나온 혈관을 동맥이라고 하고, 다시 아주 가늘어진 것을 세동맥(직경 0.5mm 이하)이라고 하며, 이것이 다시 나뉘어져 모세혈관이 된다.

조직 세포들과 모세혈관 사이에서는 가스 및 물질 교환이 이루어지며, 이산화탄소 및 노폐물을 많이 함유한 혈액이 심장으로 되돌아오게 된다.

혈관계는 심장에서 뿜어내는 혈액을 온몸에 순환시켜서 O_2, CO_2, 영양소, 노폐물, 호르몬 등 여러 물질을 운반한다.

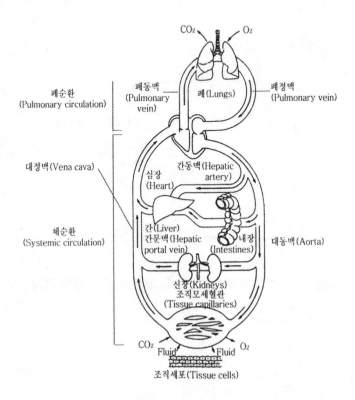

[그림 4-23] 폐 순환에서 체 순환까지 장기별 기능

② 폐 순환계

폐 순환계는 말초 조직에서 우심방으로 돌아온 정맥혈 속에는 노폐물이 많이 들어 있다. 이 정맥혈을 폐로 보내 영양분이나 산소가 풍부한 동맥혈로 만든 다음에 좌심방-좌심실에서 강력한 수축력으로 충분한 혈압을 만들어 전신 조직으로 내보낸다.

③ 혈액 순환계

혈액 순환계는 대순환(체순환)과 소순환(폐순환)으로 나누어진다.

① 체 순환계 : 좌심실 ⇒ 대동맥 ⇒ 소동맥 ⇒ 조직(모세혈관)

[가스 교환(⇒ 동맥혈 → 정맥혈)] → 소정맥 → 대정맥

② 폐 순환계 : 우심실 → 폐동맥 → 폐(모세혈관)

[가스 교환(⇒ 동맥혈 → 정맥혈)] ⇒ 좌심방

8) 소화기계(Digestive System)

(1) 소화기의 구조

소화는 구강에서부터 시작하여 항문에 이르는 긴 관 안에서 일어난다. 이 부분을 소화관이라고 부르며, 소화 및 흡수 과정에 필요한 물질을 생산하여 소화관에 공급하는 기관을 소화 부속성이라고 하며 타액선, 간, 췌장, 담낭 등이 있다.

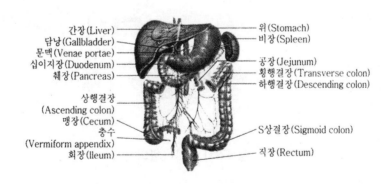

[그림 4-24] 소화기관의 구조

(2) 소화 기관

사람이 식품을 섭취했을 때 흡수되기 쉬운 상태로 변화시키는 작용을 소화라고 한다. 식

품이 소화되는 과정은 먼저 단단하고 커다란 음식물을 잘게 부수어서 타액과 혼합하여 위장으로 보낸다. 그러면 위장에서는 연동 운동으로 음식물이 옮겨져 기계적 소화 운동과 소화 효소에 영양소를 가수분해시키는 화학적 소화를 한다. 또한 음식이 대장에 이르면 장내 세균에 의하여 소화가 잘 안 된 섬유소를 소화시키는 생물학적 소화 현상이 일어난다.

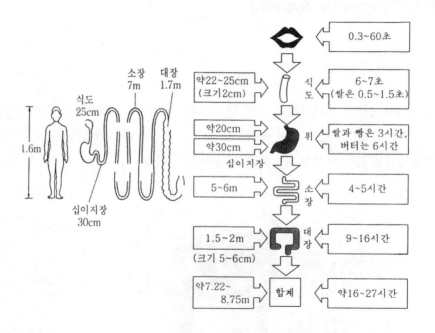

[그림 4-25] 소화기계의 구조

(3) 소화기의 역할

소화 흡수하는 과정은 음식물 중의 영양소를 그 최소 구성 단위까지 분해하여 소화관의 벽을 통과할 수 있는 상태로 변화시키는 활동이다. 이는 소화관의 벽을 통하여 점막 상피 세포로 받아들여, 혈액 혹은 림프액 안으로 흡수된다.

소화 방법은 화학적 소화와 물리적 소화가 있다. 화학적 소화는 소화 효소에 의한 것이고 물리적 소화는 음식물을 씹는 운동, 위와 소장의 평활근의 교반에 의한다.

저분자 물질로 소화된 영양소는 주로 소장에서 흡수되어 체세포로 직접 흡수되거나 간 등에서 대사되어 이용 가능한 상태가 된다.

음식물을 섭취한 후 흡수되기 시작하는 시간은 약 2시간 후, 9시간이 지나면 내용물은 거의 전부가 대장까지 운반되면서 대부분 흡수된다. 소화관이라 하여도 위에서 알코올과 물은 비교적 잘 흡수된다.

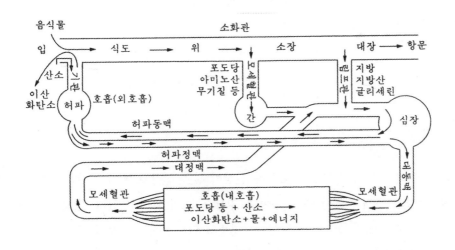

[그림 4-26] 소화기의 길이와 음식물의 소화 시간

섭취된 음식물의 종류나 섭취량, 섭취하는 시간의 선택은 식욕에 의하여 일어난다. 그리고 정상적인 영양 상태를 유지하기 위하여 음식물의 선택이 매우 중요한 작용을 한다.

(4) 간의 기능과 대사

우리가 섭취하는 음식물이 위와 장에서 소화, 흡수되어 문맥을 통해서 들어오게 되면 간은 이들 영양소들을 원료로 해서 합성, 분해, 전환시켜 우리 몸이 필요로 하는 여러 가지 형태의 물질을 만들어내며, 저장하였다가 나중에 필요할 때 사용하도록 한다.

① 담즙의 생산 기능　　② 해독 작용
③ 당질의 합성 및 분해　④ 철분 및 비타민의 저장소 역할
⑤ 요소의 합성　　　　⑥ 적혈구의 파괴
⑦ 각종 화학 물질의 생산

9) 비뇨기계

(1) 신장의 구조

신장은 척추의 좌우에 위치하며 오른쪽 신장이 왼쪽 신장보다 약간 아래로 처져 있다. 좌우 합한 신장의 무게는 약 300~350g이며, 강낭콩 모양을 하고 있다. 양쪽 신장은 중간 방향으로 서로 마주보는 합요면을 갖는다. 내측의 합요면에는 신문(腎門 : hilus)이 있어 신장으로 출입하는 혈관, 신경, 림프관이 통과한다. 또 신문에는 신장에서 방광으로 요를 운반하는 요관이 있다.

(2) 신장의 기능

대사 물질인 노폐물과 독소를 배설하며 체내의 체액량을 정상으로 유지하도록 하고 전해질 양과 삼투압 농도를 조절하며 산-염기 평형을 유지하기도 한다. 노폐물 중에 이산화탄소는 폐를 통하여 공기중으로, 적혈구의 파괴로 생성된 혈색소의 일부는 간에서 담즙으

로 되어 십이지장으로, 소량의 물과 요소, 요산 등은 땀으로 배설되기도 한다.

[표 4-6] 배설기관 및 배설물

배설 기관	배설 물질	배설 기관	배설 물질
신장	질소성 산물(urea) 독소(toxins), 물 전해질, 색소, 호르몬 등	폐	CO_2 물
한선(땀샘)	물, 무기염(mineral salts) 소량의 질소성 산물	장	소화 산물 : 섬유소 대사 산물 : 담즙, 색소 등

(3) 수분의 대사

물은 우리 몸으로부터 네 가지 경로를 통해 유실된다. 피부를 통한 땀으로의 발산되거나 호흡을 통한 폐로부터의 배출된다. 또 소변으로 배설되는 수분은 신장으로 배설되며 아울러 변으로 배설된다.

인체의 60% 정도가 수분으로 구성되어 있기 때문에 만약 신장이 하루에 걸러내는 수분 중 상당량을 배설한다면 사람은 심한 탈수 현상으로 위험하게 된다.

(4) 체액과 수분

물은 우리의 생명을 유지하기 위하여 필요하고, 신체 성분의 2/3는 물로 구성되어 있으므로 생명 유지에 절대적으로 필요하다. 물은 영양소를 소화시키고 흡수시키며 노폐물을 배설하기도 한다. 수분은 건강하고, 매끄럽고, 탄력 있는 아름다운 피부 유지에 중요한 역할을 한다.

또 피부의 70%가 수분으로 이루어져 있다. 우리 몸의 수분은 체중의 약 60%에 해당되며 양으로는 대략 30 *l* 정도가 된다. 체액은 세포 내에 약 40%인 약 20 *l* 가 존재한다.

체액(Body Fluid)이란 체내의 세포 내와 세포 간에 있는 수분을 말하며, 체중의 60%를 차지한다.

[표 4-7] 성인의 수분 보급원과 배설

수분의 보급원	수분량(ml)	수분의 보급원	수분량(ml)
액체 음료	1,100~1,400	소변	900~1,500
고형 식품	500~1,000	증발 작용-피부	500~600
대사수	300~400	-호흡	400~200
		대변	100~200

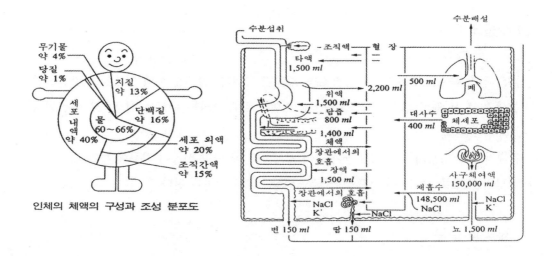

인체의 체액의 구성과 조성 분포도

[그림 4-27] 인체의 체액의 구성과 조성 분포도

(5) 수분의 기능

물이 체내에서 활동하는 중요한 기능은 다음과 같다.

① 물은 체 조직과 체액 구성의 중요한 구실을 한다.
② 여러 가지 용매로써 영양소를 용해시켜 소화 흡수를 용이하게 도와준다.

③ 물은 영양소를 각 조직으로 운반하고, 노폐물을 세포로부터 걸러내어 배설하는
역할을 한다.

(4) 피부 조직 내 수분의 역할

생물에 있어서 가장 중요한 것은 물이다.

수분의 적절한 조화가 피부를 아름답게 한다. 수분은 건강하고, 매끄럽고, 탄력 있는
아름다운 피부 유지에 중요한 역할을 하며 피부의 70%가 수분으로 이루어져 있다.

10) 체모와 손톱

(1) 체모

사람의 피부를 감싸고 있는 것 중에서 빼놓을 수 없는 것으로 모발과 조갑(爪甲)이 있다.
체모가 분포되어 있는 신체 부위는 머리, 눈, 겨드랑이, 사타구니 등으로 구별할 수 있다.

체모는 그 분포 상태를 보아 인체의 중요 부분을 보호하거나 마찰을 최소화시키는 역할
을 한다. 또한 머리카락은 인체 중 가장 중요한 부위인 뇌를 둘러싸고 있어 밖으로부터의
충격을 최소화하고 눈썹은 감각 기관 중 가장 많은 정보를 받아들이는 눈을 이물질로부터
1차로 차단하는 임무를 띠고 있다. 한편 겨드랑이 털, 사타구니 털은 입체적인 마찰을 받
는 부위로 털이 마찰을 최소화시켜 그 부위를 보호해 주도록 되어 있다.

(2) 손톱 · 발톱[爪甲, nail]

손톱은 모발이나 뿔과 함께 표피 각질층의 변형, 고화된 반투명의 단단한 판(nail plate)
으로서, 시스틴(cystine)이 주성분인 케라틴(keratin)으로 구성되어 손톱 끝을 보호하고 있
다. 사람 표피 각질의 케라틴(시스틴 양 : 1~3 중량%)에 비해 시스틴 함량이 많고(12%), 그

만큼 폴리펩티드 간의 가교(架橋)가 강화되어 있기 때문에 단단하다.

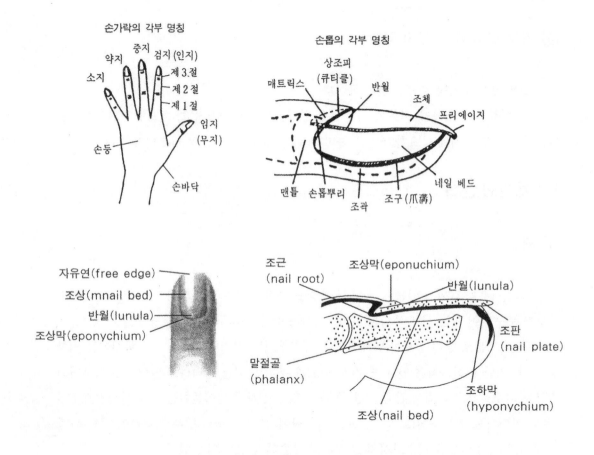

[그림4-28] 손톱, 발톱 / 손가락의 각부 명칭

5. 모발과 내분비계

1) 내분비

　내분비(endocrine)라 함은 화학물질이 분비 세포로부터 혈액 안으로 방출되는 현상을 말한다. 분비되는 화학물질이 호르몬이며 여러 가지 호르몬들은 신체 활동에 대단히 많은 영향을 미친다.

　비타민은 외부에서 섭취해야 하는 세포의 윤활제이지만, 이것에 반하여 내분비라고 하는 호르몬은 우리들 신체 기관에서 만들어 내는 미량의 세포 자극제이다.

　내분비계는 신경계와 함께 생체의 기능을 조절하는 두 개의 큰 조절계를 이룬다. 인체는 여러 가지 조직 및 기관이 조합되어 있으며, 이들은 서로 협조하여 규율적인 통제 아래 각 기능을 맡아서 한다.

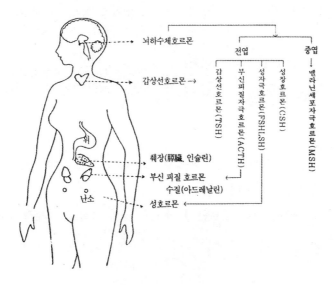

[그림4-29] 내분비

[표 4-8] 내분비선, 호르몬 및 표적 기관과 주요 기능

내분비선	글루코코티코이드	표적 기관	주요 기능
갑상선	티록트로핀, 갑상선 자극 호르몬	갑상선	갑상선에서 생성되는 티록신과 트리아이오도티로닌의 분비량을 조절
	부신피질 자극 호르몬	부신피질	부신피질의 호르몬 분비를 조절
	티록신, 트리아이오도티로닌	모든 세포	세포 대사율을 증가, 심장의 수축 및 심박수 증가
부신수질	에피네프린	모든 세포	글리코겐 동원, 골격근에 분포하는 혈류량 조절, 심장 수축 및 심박수 조절, 산소소비량 조절
	노르에피네프린	모든 세포	혈압 조절을 위한 혈관 수축 조절
부신피질	미네랄로코티코이드	신장	신장에서의 나트륨 및 단백질 대사 조절
	글루코코티코이드	모든 세포	탄수화물, 지방 및 단백질 대사 조절 감염 방지 기능
	안드로겐 에스트로겐	난소, 유선, 고환	남,녀 성징 조절
고환	테스토스테론	성기관, 근육	남성 성징 증가, 남성 성기관 성장, 지방 저장량 증가, 월경 주기 조절
난소	에스트로겐 프로게스테론	성기관, 지방 조직 성기관	여성 성징 증가, 여성 성기관 성장, 지방 저장량 증가, 월경 주기 조절

호르몬은 극미량으로서 체내에 대사 과정을 조절하며 양이 부족하거나 많으면 신체 대사에 장해를 주는 질병을 가져온다.

호르몬은 종류에 따라서 다른 호르몬의 작용을 돕기도 하고 억제하기도 하는 등 서로 상호 관련성이 깊다.

호르몬의 일반적인 특성은 다음과 같다.

① 체내에서 합성 : 체내의 특정한 조직(내분비선)에서 합성된다.
② 필수적인 조절 물질 결핍증과 과다증을 나타낸다.
③ 미량으로 작용 낮은 농도로도 큰 영향을 나타낸다.
④ 혈액에 의해 운반, 분비관이 없고 혈관으로 직접 분비된다.
⑤ 표적 기관에서 작용하고, 특정 기관에서만 작용한다.

2) 두발과 가장 관계 깊은 호르몬

(1) 피부와 성 호르몬

사춘기가 되면 남녀의 몸 안에서는 남성 호르몬(안드로겐)과 여성 호르몬(에스트로겐)이 분비된다.

그런데 이들 호르몬이 피부에 미치는 영향은 각기 다르다. 남성 호르몬 안드로겐은 표피를 두껍게 하는데, 특히 각질층을 두껍게 한다. 이외에도 피지선을 발달시켜 과다한 피부분비로 피부를 번들거리게 하며, 그로 인해 피지 배출구인 모공을 확장시킨다.

여성 호르몬 에스트로겐은 각질층을 부드럽고 얇게 만들어 주며, 진피의 탄력 조직인 엘라스틴, 콜라겐, 그리고 피부 보습 인자 히아루론산의 생성을 촉진시켜 여성 특유의 섬세하고 부드러운 피부로 만들어 준다.

(2) 갑상선 호르몬

갑상선 호르몬은 모발의 발생(發生), 생육(生育)에 필요한 호르몬이다. 따라서 갑상선 기능 저하는 성장기의 개시를 늦추기 때문에 모발의 탈모와 연결된다.

측두부의 탈모는 갑상선 호르몬의 영향으로 뇌하수체 전엽에서 분비되는 갑상선 자극

호르몬의 작용으로 이루어진다.

갑상선은 티로신이라는 호르몬을 분비하여 부신을 자극하여 부신 호르몬인 에피네프린과 코티솔을 분비시킨다. 이밖에 모낭 활동을 촉진하여 휴지기에서 생장기로 전환을 유도한다. 그리고 모발의 길이를 증가시키는데, 머리털과 몸의 털 모두에서 성장 촉진 효과가 있다.

에피네프린은 부신수질에서 나오는 교감신경 흥분제도 스트레스와 관련된 탈모에 작용한다.

코티솔은 부신피질에서 나오는 혈당 증가 호르몬으로 스트레스와 관련된 탈모에 작용한다. 이 시기에 휴지기에서 성장기로의 시작을 방해하며, 머리털과 몸의 털 모두 성장 억제 효과가 있다.

갑상선 호르몬은 ① 모낭 활동을 촉진, ② 휴지기에서 생장기로 전환을 유도함, ③ 모발의 길이를 증가시킴, ④ 머리털과 몸의 털 모두에서 성장 촉진 효과 등 여러가지 기능을 한다.

내분비계 이상에서 오는 탈모가 되는 것은 갑상선과 밀접한 관계가 있다. 만약에 갑상선 제거술을 받게 되면 ① 모발 성장 속도가 다소 늦추어지고, ② 모발의 직경이 다소 줄어들고, ③ 머리털과 몸의 털 모두에서 성장 억제 효과가 있다. 특히 갑상선 기능 저하증 환자에서 겨드랑이 털과 음모가 적어지는 경향이 있다.

① 갑상선 기능 저하증 : 모발이 거칠고 건조해지며 잘 부스러진다.
② 갑상선 기능 항진증 : 모발이 매우 가늘어지면서 탈모가 일어난다.

갑상선 질환으로 인한 탈모는 주로 옆과 뒤쪽으로 생긴다. 당뇨병의 합병증으로
탈모가 생길 수도 있다.

(3) 남성호르몬

남성형 탈모의 주원인인 남성 호르몬은 모발에 대해 단순히 남성 호르몬의 분비량에 의해 탈모 현상이 나타나지는 않는다. 남성 호르몬은 작용하는 활성 효소(5-α reductase)의 영향으로 변화된 DHT(Di hydro testosterone)이 모모세포에 작용하여 모낭의 위축과 세

포분열을 둔화시키어 결과적으로는 모발에 가는 연모화 현상을 유발한다.

　테스토스테론(Testosterone)은 음경 및 음낭의 성장, 남성화 음모와 겨드랑이 털, 정자 형성을 관여하고 다이하이드로테스토스테론(Dihydrotestosterone ; DHT)은 여드름, 성모 성장(수염), 앞머리선 후방 퇴축을 관여한다.

(4) 안드로겐과 DHT의 탈모 관계

　안드로겐, (테스토스테론)은 대사 물질인 DHT는 일부의 모낭을 위축시켜 활동을 정지 시켜 여성에게 탈모를 일으킬 수 있다. 여성은 난소에서도 모발에 영향을 미치는 호르몬 을 분비하고 있다. 탈모증은 특히 남성 호르몬인 안드로계 테스토스테론의 과잉 분비로 인해 일어난다. 남성 호르몬은 턱수염과 콧수염의 성장을 돕고, 이마와 정수리 부위의 털 에 대해서는 성장을 막는다.

　직접적으로 탈모를 일으키는 호르몬은 다이하이드로테스토스테론(DHT)이라고 알려져 있다. DHT는 테스토스테론에 5-α리덕타아제(5-αreductase)라는 효소가 작용해 만들어지 는 대사 물질로 모낭 세포이 특정 부분과 결합해 탈모과 연관된 일련의 변화를 일으키는 원인 물질이다.

　DHT는 또 모발의 생장 주기 중 생장기를 짧게 하고 휴지기를 길게 해 결국 생장 주기를 거듭할수록 모발의 크기가 점점 작아진다.

[표 4-9] 남성 호르몬의 영향을 받는 부위별 모발

남성 호르몬의 정도	관련 모발
고농도의 남성 호르몬과 관련이 있는 남성형 모발	전두부(앞머리), 두정부(정수리), 수염, 가슴, 코끝, 음모
저농도의 남성 호르몬과 관련이 있는 모발	겨드랑이 털 및 기타의 털
호르몬과 관련없는 모발	후두부(뒷머리), 무릎 이하의 다리, 눈썹, 속눈썹

(5) 두모(頭毛)와 가장 관계가 깊은 성 호르몬

성 호르몬에는 남성 호르몬(안드로겐)과 여성 호르몬(에스트로겐)이 있는데, 남녀에 관계없이 양 호르몬은 그 생식 기관(고환, 난소)에서 분비된다. 또 부신피질에서도 성 호르몬이 분비되며 특히 여성의 남성 호르몬 분비는 부신피질에서 일어난다.

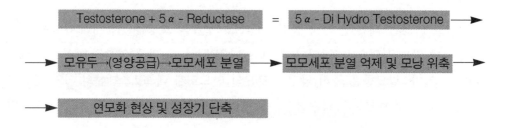

[그림 4-30] 남성 호르몬의 작용

여기서 성 호르몬이 모발에 미치는 영향은 두모에 대해서는 여성 호르몬, 체모는 남성 호르몬이 분비로 촉진하는 작용을 한다.

> 현재 발모제로 시판되고 있는 약품 중에도 남성 호르몬에 대한 활성 효소(5 α리닥타제)의 작용 원리를 이용하여 탈모를 막고 발모 현상을 가져오는 약품이 있으나, 내분비계통과 연관이 있기 때문에 경우에 따라서는 부작용도 있어 전문의와 상담이 필요하다.

(6) 여성 호르몬

여성 호르몬은 크게 난포 호르몬(estrogen)과 항체 호르몬(progesterone)으로 나뉘어진다. 난포 호르몬은 사춘기가 지나면서 분비량이 증가하여 여성의 생식기 발육(유방, 유선, 자궁근육 등)을 촉진시키며, 폐경기 이후에는 그 분비량이 급격히 감소하거나 정지한다.

여성 호르몬인 에스트로겐은 여성의 피부를 여성 특유의 부드럽고 섬세하며 탄력 있는 피부로 만들어 준다.

에스트로겐은 난소에서 분비되는 여성 호르몬이다. 모발의 성장을 촉진시켜 준다. 또한 피지선 분비를 억제하고, 체모 성장을 억제하며, 모발성장을 촉진시키는 역할을 한다.

아로마타제(aromatase)는 성 호르몬 형성 과정에서 여성 호르몬인 에스트라디올 (estradiol)과 에스트론(estrone)으로 전환시키는 호르몬으로 남성 호르몬에 의한 탈모를 억제하는 기능이 있다.

Chapter **5**

모발 영양학

Hair and Scalp management

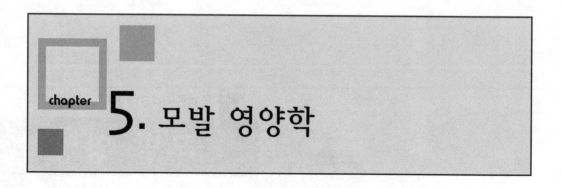

chapter 5. 모발 영양학

1. 영양학

1) 영양소의 개념

일상생활에서 섭취하는 음식물의 성분 가운데 에너지를 체내에서 발생시키는 활동의 원동력이 된다. 이밖에도 체내에서 일어나는 각종 기능을 조절하고 정상적인 건강 유지에 필요한 성분으로 비타민과 무기질을 비롯해서 효소 및 호르몬 등이 있다. 영양소의 작용을 살펴보면 아래와 같다.

    ① 생명 유지를 위한 에너지와 재료의 공급--〉영양소
    ② 근육 수축 운동에 필요한 에너지 공급--〉구성소
    ③ 성장이나 유지에 필요한 체성분 합성을 위한 원료 공급--〉조절소

(1) 영양소의 기능

우리가 매일 섭취하고 있는 음식물의 성분은 우리의 몸으로 들어가서 세포나 조직의 원

료가 된다. 또한 영양소가 분해되어 에너지로써 활동할 수 있는 힘을 얻어서 생명을 유지하게 되는 것이다. 한편, 섭취된 영양소가 체내에서 이용되고 있는 것을 정리하면 다음과 같다.

① 에너지 생성

영양소는 우리 몸의 열량원으로서 에너지를 보급하여 신체의 체온 유지와 활동에 관여한다. 필요한 영양소는 탄수화물(당질), 지방, 단백질이 이용된다.

② 몸의 구성

영양소는 신체의 조직이나 골격을 구성하거나 신체의 소모 물질을 보충하면서 체력 유지에 관여한다. 이 영양소는 단백질, 무기질, 지방, 탄수화물 등이 이용된다.

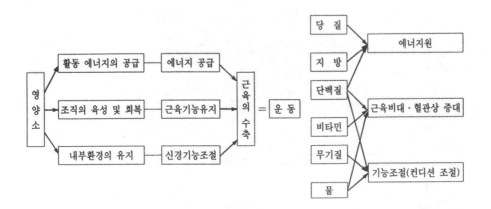

[그림 5-1] 인체에서 영양소의 역할

(2) 영양소의 구성 요소

식품의 구성 성분으로서 인체가 필요로 하는 다섯 가지 기초 영양소로는 탄수화물, 단백질, 지방, 비타민, 무기질이 있다. 그밖에 물도 필수 영양소에 포함시킨다.

영양소는 그 종류에 따라 몸에서 기능이 다르다. 이들 영양소를 체내 작용에 의하여 분류하면 열량소, 구성소, 조절소 3가지로 나눌 수 있다.

[그림 5-2] 완전한 영양 균형을 갖춘 영양 도표

2) 탄수화물

탄수화물은 인간이 이용하는 식품 중에서 가장 많이 포함되어 있다. 그리고 체내 중요한 에너지의 공급원으로 소화가 잘되게 하며 응용성이 높고 가격도 저렴하다. 탄수화물의 형태로서 곡류, 과실류 중의 탄수화물은 녹말의 형태로 있으며, 바나나, 사탕수수와 같은 것에는 당분의 형태로 구성되어 있다.

(1) 당질 식품의 종류

탄수화물은 모든 당류 및 전분류를 말하며 포도당의 체내에서 이용되는 탄수화물의 기본형으로 섭취된 모든 탄수화물은 일단 포도당으로 전환된다.

탄수화물이 몸속에 들어가면 포도당으로 전환된다. 탄수화물의 종류는 단당류, 소당류, 다당류로 분류되며, 가장 중요한 기능은 혈당을 유지하는 에너지원으로서 작용한다. 또한 단백질을 절약시키는 작용을 하며, 필수 영양소로서의 기능과 섬유소의 장내 작용으로 변비를 방지하는 좋은 기능을 갖고 있다.

① 단당류 : 포도당, 과당
② 이당류 : 설탕, 맥아당, 유당
③ 복합형 : 전분, 섬유소, 글루코겐, 펙틴

[표 5-1] 탄수화물 식품 중에서 다당과 단당류 종류

당질 식품	다당류 식품	단당류 식품
함유 식품	정제 안 된 곡식이나 빵, 현미, 고구마, 감자 등 구근식물, 콩, 견과류, 과일, 건과일, 천연주스, 천연 요구르트	설탕, 잼, 시럽, 당분 음료수, 콜라, 초콜릿, 케이크, 제리, 푸딩, 비스킷

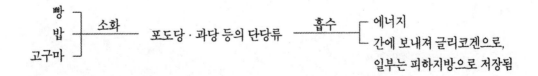

[그림 5-3] 탄수화물이 소화, 흡수되어 에너지로 전환되거나 저장되는 과정

(2) 탄수화물의 기능

탄수화물의 가장 중요한 기능은 에너지원으로서 혈당을 유지하는 역할이다.

[그림 5-3]에서와 같이 단백질 절약 작용을 하며, 필수 영양소로서의 기능과 섬유소의 장
내 작용 등의 변비를 방지하는 좋은 기능을 가지고 있다.

탄수화물 1g당 4㎉를 공급하며 소화 흡수율이 98%로서 섭취한 탄수화물 거의 전부가
체내에서 소비된다. 탄수화물은 에너지원일 뿐만 아니라 필수 영양소로서 하루에 적어도
60~100g 정도는 꼭 섭취해야 한다.

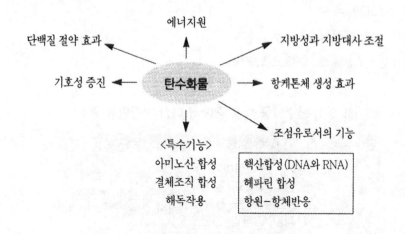

[그림 5-3] 탄수화물의 기능

3) 지방

(1) 지방의 구성

지질은 체지방 조직 성분이며 세포막, 호르몬, 소화 분비액 등을 주로 지닌 구성 성분이

다. 지질 중 콜레스테롤도 이러한 기능들을 유지하는 데 중요한 구실을 한다.

　지질은 피부나 모발에 광택을 주고, 유연하게 하며, 건조를 막아주는 작용을 한다. 그리고 체내에서 지방산과 글리세린으로 분해되어 흡수된 후 지방 조직을 보충하거나 에너지를 공급한다.

　지방은 체내의 여러 기능을 유지하는 데 꼭 필요한 물질이므로 그 중요성이 매우 크다.

　지방은 몸에서 체지방이 되어 외부와 절연체 역할을 한다. 특히 신체의 온도를 유지시켜 주며, 체내의 장기를 둘러싸고 보호해 주는 충격 흡수의 역할을 한다.

(2) 지방의 기능

　지질은 에너지원으로서 다음과 같은 특징이 있다.

① 에너지 값이 제일 높으며 지방은 1g당 약 9kcal로 이 값은 탄수화물 1g에서 나오는 양의 4kcal보다 약 2.25배가 많다.
② 탄수화물과 같은 양이 용적으로도 고 칼로리에 해당하는 식품이다. 그러므로 지방은 칼로리를 보충하는 식품이지만, 양이 적으므로 소화기에 주는 부담은 가벼워진다.

　이러한 기능 외에도 체내 지용성 비타민을 운반하여 주고, 향미 성분의 공급과 식욕을 돋우어 주며, 소화되는 속도를 늦추어 위에 오랫동안 머물도록 하여 만복감을 준다.

　지방은 체내의 신진대사를 조절하는 데 필요한 필수 지방산을 공급해 주며 비타민 A, D, E, K와 같은 지용성 비타민의 흡수를 돕는다.

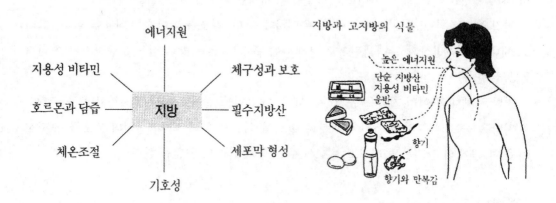

[그림 5-4] 지방의 생리적 기능과 식품의 종류

(3) 지방의 종류

지방을 구성하는 성분인 지방산은 포화 지방산과 불포화 지방산으로 나뉘어 진다. 지방은 조직 활동과 성장에 필요한 영양소로서 체내에서 산화되어 가장 많은 에너지를 생성한다. 지방은 여러 종류로 구별되는데, 식물성과 동물성에 따라 성분에 큰 차이가 있다.

동물성 지방은 쇠고기, 생선, 닭, 우유 및 유제품 등에 함유되어 있으며, 식물성 지방은 종실, 콩기름, 참기름, 들기름, 채종유 기름 등에 함유되어 있다.

식물성 종자에 들어 있는 기름과 굳기름(식물유지) 등도 포화 지방산에 속한다. 예를 들면 살구씨 기름, 해바라기씨 기름, 피마자씨 기름 같은 것들이다.

[표 5-3] 눈에 보이는 지방과 식품의 종류

눈에 보이는 지방	식품 안의 지방
버터, 마가린, 식용유 라아드 육류의 기름, 닭 고기의 껍질, 튀김요리	육질 안의 지방, 청어, 정어리 참치, 꽁치 등, 어류의 지방, 소시지, 햄

(4) 지방산의 성분

① 포화 지방산과 불포화 지방산

천연 유지로 대사에 관여하는 지질로 구성되어 있으며 자연계에 널리 분포되어 있는 포화 지방산과 불포화 지방산이 있다.

지방 중에서도 중성 지방 또는 인지질 등은 지방산이 이중 결합 포화 정도에 따라서 포화지방산(s), 단일 불포화 지방산(M), 다가 불포화 지방산으로 분류하며, 한편 다불포화 지방산인 리놀익산, 리놀레산 및 아라키돈산을 필수 지방산이라고 할 수 있다.

특히 모발과 밀접한 지방산은 리놀산(linolic acid)을 포함한 식물성 기름은 모발에 윤기를 준다. 그러므로 낙화생, 참깨, 사라다유 등을 적당히 섭취하는 것도 필요하다. 모발과 피부를 활발하게 하는 영양소는 비타민 E(필수 지방산)인데, 모발을 윤기나게 하는 역할을 한다. 아름다운 모발을 위하여 검은 깨, 검은 콩, 땅콩, 호도 등을 충분하게 섭취하여야 한다.

[표 5-4] 중요한 불포화 지방산

지방산	1개의 이중 결합	기능	급원 식품
올레산 (oleic acid)	$C_{18}H_{34}O_2$ (1개의 이중 결합)	영양 공급	식물성, 동물성 식품에 널리 함유되어 있음
리놀레산 (linoleic acid)	$C_{18}H_{34}O_2$ (2개의 이중 결합)	항 피부병 인자성장인	채소, 종실류
리놀레산 (linoleic acid)	$C_{18}H_{34}O_2$ (3개의 이중 결합)	성장 인자 피부 수분 손실 예방	콩기름
아라키돈산 (arachidonic acid)	$C_{18}H_{34}O_2$ (4개의 이중 결합)	항 피부병 인자성장인	동물의 지방

필수 지방산인 리놀레산, 리놀렌산, 아라키돈산은 피부를 윤택하게 하고 동물의 성장을 촉진하는 작용을 한다. 필수 지방산은 체내에서 합성하지 못하므로 식품으로부터 공급받아야 하며 우리 몸에 꼭 필요한 지방산이다. 필수 지방산은 일반적으로 동물성 지방산보

다는 식물성 유지류에 많다.

[2] 필수 지방산(불포화 지방산)

① 체내에서 합성이 되지 않아 외부의 음식물로부터 흡수해야 한다.

② 지방에 있어서는 다른 영양소로는 대체할 수 없는 성분이다.

③ 성장 촉진을 하고 피부의 건강을 유지하는데 도움을 주기도 한다.

4) 단백질

(1) 단백질(Protein)이란?

단백질은 먼저 인체 구성을 위한 영양소로서 특히 생명 현상의 유지에 중요한 역할을 하는 물질이다. 골격을 제외한 거의 모든 조직 세포는 단백질로 이루어져 있다. 우리 몸의 근육, 내장 기관, 간, 피부뿐 아니라 모발이나 손톱, 발톱 등 모든 생체 기능에 관여하는 필수 영양소이다.

피부는 콜라겐과 엘라스틴으로, 피부 표면은 케라틴으로 구성되어 있다. 단백질은 또 효소나 항체 및 호르몬과 같이 생명 유지에 없어서는 안 될 주요한 물질을 만드는 성분이기도 하다. 신체 조직은 끊임없이 교체되므로 단백질의 이런 성질을 이용하여 인체의 상태를 알아볼 수 있다. 낡은 세포가 손실되면 새로운 세포를 만들기 위하여 단백질을 보충하지 않으면 안 된다.

(2) 단백질의 분류

일상적으로 섭취하는 단백질은 식물성과 동물성으로 분류된다. 동물성 식품은 아미노산 균형이 매우 우수하고 식물성 식품에 부족한 아미노산의 보완 기능이 높다.

① 식물성 단백질

곡류 단백질, 두류 단백질

검정 콩, 완두콩, 강낭콩, 호두, 밤 등의 견과류, 두부, 두유

② 동물성 단백질

육류 단백질, 달걀 단백질, 우유 단백질

쇠고기, 돼지고기, 닭고기, 어패류, 달걀, 우유, 치즈, 요구르트, 기타 유품

[표 5-5] 단백질 식품의 분류

종류	식물성 단백질	동물성 단백질
함유 식품	검정 콩, 완두콩, 강낭콩, 호두, 밤 등의 견과류, 두유, 두부, 인조고기	쇠고기, 돼지고기, 닭고기, 어패류, 달걀, 우유, 치즈, 요구르트, 기타 유제품

(3) 단백질의 기능

단백질은 분해되어 아미노산으로 흡수된 다음 혈액에 의하여 빠른 속도로 각 조직에 운반되어 많은 작용을 한다.

① 새로운 조직의 합성과 보수 및 유지

체내 단백질은 심한 출혈, 심한 화상, 외과적 수술 및 뼈 골절과 같은 손상된 부분의 조직을 다시 만들어 준다. 머리카락, 손톱 및 발톱은 성장이 멈추지 않고 일상을 통해 계속되고 적혈구도 120일이 되면 파괴되지만, 모든 체내 단백질은 그 속도는 일정하지 않지만 계속 퇴화하고 재생한다.

② 효소 호르몬 및 항체 형성

단백질은 각종 효소의 주성분이다. 음식이 소화되는 동안 일어나는 화학적 변화는 효소를 필요로 한다.

③ 체내 대사 과정 조절

단백질은 체내에서 무기질과 수분 평형을 조절한다. 세포막 내에 있는 단백질은 세포의 특정한 전해질 양을 조절한다.

④ 영양 공급

탄수화물과 지방처럼 단백질도 열량을 공급할 수 있다. 단백질은 1g당 4kcal의 열량을 공급한다.

⑤ 단백질의 중요한 대사 과정

체내에서 단백질은 합성과 동시에 분해 과정이 진행된다. 즉, 조직에서 분해되어 나온 아미노산은 다른 부위에서 효소, 호르몬, 근육단백질 합성 및 세포를 구성하는데 다시 사용된다.

⑥ 단백질의 체내 합성

단백질의 섭취는 바로 아미노산을 공급하기 위한 일이기 때문에 균형 잡힌 식사로 필수 아미노산을 섭취하는 것이 중요하다.

이들은 몸속에서 자체적으로 합성될 수 없는 아미노산이며, 이들 중 하나라도 부족하면 단백질 구성 성분의 결핍으로 인해 단백질의 합성이 불가능해 진다. 그렇게 되면 근육, 피부, 혈액, 효소, 호르몬 등의 생성이 불가능하게 된다.

소화　→　여러종류의 아미노산으로 분해된다　→　흡수　→　단백질 합성　→　근육 · 피부 · 머리카락 · 내장, 혈관등의 중요성분

필요 이상의 아미노산은 대부분 연소하고 일부는 글리코겐이나 지방 등으로 간에 저장된다.

[그림 5-5] 단백질의 체내 합성

(4) 아미노산의 종류와 기능

필수 아미노산은 몸속 체조직의 구성 물질로써 대사 과정에 관여하는 여러 가지 효소나 호르몬의 원료 물질로써 큰 구실을 하고 있다. 식품 중에는 이러한 아미노산이 골고루 들어있으나 함량에 차이가 많아 여러 종류의 음식물을 골고루 먹어야 한다.

[표 5-6] 아미노산의 종류

필수 아미노산 8종	주요 아미노산 10종
이소류신(isoleucine)	알라닌(alanine)
류신(leucine)	아르기닌(arginine)
리신(lysine)	아스파라긴(asparagine)
페닐알라닌(phenylalanine)	시스테인(cysteine)
메티오닌(methionine)	글루타민(glutamine)
트레오닌(threonine)	히스티딘(histidine)
트립토판(tryptophan)	프롤린(proline)
발린(valine)	세린(serine)
	티로신(tyrosine)
	글리신(glycine)

1 아미노산의 종류

아미노산은 영양학적으로 [표 5-6]과 같이 필수 아미노산(essential amino acid)과 비필수 아미노산(non-essential amino acid)으로 분류된다. 단백질을 구성하는 아미노산 20여 종 중 8가지는 식품 섭취로 반드시 공급해 주어야 한다. 이를 필수 아미노산(essential amino acid : EAA)이라 한다. 필수 아미노산은 계란, 우유, 치즈, 생선과 같은 동물성 식품에 많이 함유되어 있다.

(5) 피부 및 모발의 단백질과 연관성

1 피부와 단백질의 구성 관계

골격을 제외한 거의 모든 조직 세포는 단백질로 이루어져 있다. 단백질은 근육, 내장 기관, 간, 피부뿐 아니라 모발이나 손톱, 발톱 등 모든 생체 기능에 관여하는 필수 영양소이다.

신체 조직은 끊임없이 교체되므로 낡은 세포가 손실되면 새로운 세포를 만들기 위하여 단백질을 섭취하지 않으면 안 된다.

2 모발과 관련된 단백질

모발을 형성하고 있는 물질은 케라틴(keratin) 단백질로 18종의 아미노산으로 구성되어 있고, 특히 시스틴(cystine)이라고 하는 아미노산을 많이 포함하고 있는 것이 특징이다. 모발에 영양을 주기 위해서는 여러 종류의 아미노산을 포함한 단백질(대두, 멸치, 우유, 육류, 계란 등)을 균형 있게 섭취하는 것이 중요하다.

피부의 각질, 털, 손톱, 발톱의 주성분인 '황(S)'을 포함한 아미노산이므로 동물성 단백질에서 많이 섭취된다. 따라서 하루에 섭취되는 단백질 중에서 2/3는 동물성 단백질을 섭취하도록 해야 한다.

3 급원 식품

성인 하루 권장량은 60~80g이며 식품의 종류에 따라 구분하였다. 동물성 단백질은 산

성 식품으로 알칼리성 식품인 채소와 과일을 함께 섭취할 것을 권한다.

대체로 닭고기, 쇠고기와 같은 동물성 단백질은 단백질의 양이 많으며 필수 아미노산이 풍부한 질이 좋은 완전 단백질이 들어 있다. 그리고 생선, 달걀, 치즈, 우유에도 생물가가 높은 완전 단백질이 많이 함유되어 있다. 남성 호르몬인 테스토스테론(testosterone)의 생성 조절과 DHT 생성 조절을 함께 할 수 있기 때문에 탈모 예방 효과를 더욱 극대화할 수 있다. 모발의 80~90%가 단백질로 이루어져 있다. 그러므로 모발에 영양을 공급하기 위해서는 단백질을 많이 섭취해야 한다.

5) 비타민

(1) 비타민의 기능

비타민은 건강 유지와 성장을 촉진시키기 위하여 독특한 기능을 하는 영양소로서, 신체 조직의 성장과 회복 및 정상적인 생리 작용을 돕는 필수적인 물질이다. 3대 영양소가 자동차를 움직이는 연료에 해당 된다면, 비타민은 생체 내에서 대사를 원활하게 해주는 윤활유에 해당된다. 따라서 비타민은 에너지 급원이 되거나 신체 조직을 구성하지는 않으나 동물 체내에서는 합성되지 않고 외부에서 섭취하지 않으면 안 된다.

비타민(Vitamin)은 피부의 기능상 중요한 것으로 특히 미용상 피부를 건강하게 유지하는데 없어서는 안 되는 것이다.

식생활 역시 두피 건강과 밀접한 관련이 있다. 자극이 강한 음식이나 산성 식품은 피하고, 야채와 해조류 같은 알칼리성 식품을 섭취하는 것이 좋다. 검은 콩, 검은 깨, 찹쌀 등 곡류는 비타민E가 들어 있어 두피의 혈액 순환을 도와준다.

① 체내에서 비타민의 작용

① 성장을 촉진시키며 생리 대사에 보조 역할을 담당한다.

② 질병 예방 및 치료 능력을 증진시킨다.

③ 소화 기관의 정상적인 작용을 도모하며 무기질의 미용을 돕는다.

④ 에너지를 생산하는 영양소의 대사를 촉진시킨다.

⑤ 신경의 안정을 도우며, 질병에 대한 저항력을 증진시킨다.

◆ 건강한 모발 유지에 도움이 되는 식품

콩두부(모발의 성장에 도움이 되는 이소플라본 풍부), 녹차(카테친 함유), 조개, 새우 등 해산물, 밤, 호두 등 견과류, 꿀(두피와 모발에 단백질 비타민 E 공급), 시금치, 당근, 호박, 토마토, 달걀노른자(모발의 발육을 촉진하는 비타민 A, C 풍부), 다시마, 미역(글루타민산과 아미노산 풍부), 참치, 셀러리(두피에 산소 공급을 원활하게 하는 비타민 B군 풍부)

② 모발과 음식

① 모발에 나쁜 음식 : 포화 지방(동물성 기름), 정제 설탕 또는 당분이 많은 음식, 라면, 빵, 햄버거, 피자, 돈까스 등 가공식품, 커피, 콜라, 설탕, 케이크, 생과자, 아이스크림 등 단 음식, 지나치게 맵거나 짠 자극적인 음식, 기름진 음식, 담배

② 모발의 성장에 좋은 음식 : 우유, 육류, 어패류, 계란노른자, 생선 알, 간, 시금치, 효모, 토마토, 메주콩
  • 모발 발육에 좋은 음식 : 계란노른자, 우유, 시금치, 효모, 땅콩
  • 비듬 방지에 좋은 음식 : 육류, 간, 난황, 보리, 현미, 땅콩, 효모
  • 모발에 윤기가 나도록 하는 음식 : 다시마, 미역, 해조류, 우유, 대두, 치즈, 시금치

(2) 비타민의 종류

비타민에는 물에 녹는 성질을 가진 수용성 비타민과 지방에 용해할 수 있는 지용성 비타민으로 크게 나뉜다.

수용성 비타민에는 비타민 B 복합체(B_1, B_2, 니아신, B_6, B_{12}, 엽산, 판토텐산) 및 비타민 C 등이 있다. 지용성 비타민에는 비타민 A, D, E, K 등이 있다. 비타민의 분류와 종류를 살펴보면 [표 5-7]과 같다.

[표 5-7] 주요 비타민의 종류

수용성 비타민	지용성 비타민	기타
Thiamine(비타민 B_1) Riboflavin(비타민 B_2) Niacin 비타민 B_6 Pantothenic acid Biotin Folic acid Cobalamine(비타민 B_{12}) Ascorbic acid	비타민 A 비타민 D 비타민 E 비타민 K	Inositol Choline

현재까지 알려진 비타민은 약 15 종류가 있는데, 각각 고유의 기능을 가지고 있다.

① 수용성 비타민

수용성 비타민은 물에 잘 녹으며 과잉으로 섭취하더라도 몸에 축적되지 않고 쉽게 배설된다. 따라서 식사로부터 계속해서 많이 섭취하여야 한다. 수용성 비타민으로써는 비타민 C와 비타민 B군(vitaminB complex)이 대표적이다. 특히 비타민 B군은 대개 체내의 효소반응에 관여하며 여러 가지 효소의 비타민이 결핍되면 다른 영양소를 이용하지 못한다.

② 지용성 비타민

지용성 비타민은 소화, 흡수, 운반과 저장 등 모든 과정이 지질에 의존하여 이루어진다. 지용성 비타민은 액체 상태로 체내에 저장되어 있기 때문에 지나치게 많은 양을 섭취하면 몸에 해를 일으킬 가능성이 있다.

수용성 비타민은 체내에 저장되지 않으므로 항상 필요량을 음식에 의하여 공급 받아야 한다. 대부분의 수용성 비타민은 쉽게 부족증을 일으킬 수 있지만 과잉에 의한 독성은 지용성 비타민 보다 적다.

[표 5-8] 비타민의 역할과 식품원

지용성 비타민	수용성 비타민
① 기름과 유기용매에 용해됨	① 물에 용해됨
② 하루의 섭취량이 조직의 포화 상태를 능가하면 체내에 저장됨	② 필요량 이상의 섭취량은 체내에 저장되지 않고 방출한다.
③ 체외로 좀처럼 방출되지 않는다.	③ 오줌으로 쉽게 방출된다.
④ 필요량을 매일 절대적으로 공급할 필요성은 없다.	④ 매일 필요량을 공급 못하면 결핍 증세가 비교적 빠르게 나타난다.
⑤ 비타민 전구체가 존재한다.	⑤ 필요량을 매일 반드시 공급해야 한다.

(3) 비타민을 어떻게 섭취할 것인가?

비타민은 여러 가지 식품에서 발견되며 단일 식품에 모든 비타민이 들어 있는 것은 아니다. 그러므로 음식물로부터 필요한 모든 비타민을 섭취하려면 음식을 다양하게 섭취하는 것이 필수적이다. 대부분의 경우, 균형 있는 식사를 하면 인체에 필요한 비타민을 충족시킬 수 있다.

지용성 비타민은 지질에 용해되는 것으로 비타민 A, D, E, 및 K가 있다. 이들은 식사 내의 지방과 함께 체내로 소화, 흡수 및 운반되어 간이나 지방 조직에 저장된다. 지방의 섭취가 부족하면 지용성 비타민의 흡수도 방해를 받으므로 주의해야 한다.

(4) 모발과 비타민류

모발관리를 위해서는 단백질뿐만 아니라 비타민과 미네랄(특히 철, 아연 등) 등도 필요하다. 비타민은 피부를 건강하게 하고, 비듬과 탈모를 방지하기 때문에 모발의 건강에는 특히 비타민 A, D가 필요하다. 이러한 현상은 모발 및 두피에도 동시에 나타나기 때문에 두피, 모발 관리에 있어 반드시 알고 시술 전 고객의 건강 상태 체크 시에 필요한 부분이다.

① 비타민 A

지용성 비타민인 비타민 A는 두피의 각질화와 관련이 있다. 부족할 때는 피지 분비 및 땀샘의 기능이 떨어져 각질층이 두꺼워지며, 두피 건성화가 나타난다. 심각한 경우에는 모공 주변이 각화되는 모공각화증이 발생되며, 지나치면 탈모 현상이 발생된다.

비타민 A : 모발이 건조해지고 부스러지는 것을 방지하여 주는 역할을 하므로 모발의 건조를 방지하기 위하여 부추, 호박, 당근, 간유구, 쇠간, 우유 등을 충분히 섭취해야 한다.

② 비타민 B군

수용성 비타민으로 피지 분비 및 피부염 등 피부와 매우 깊은 관계가 있다. 특히 비타민 B_6가 부족하면 피지의 과다 분비로 인해 지루성 두피화 현상과 지루성 탈모 현상 등을 유발한다. 이러한 원인 때문에 육모제 및 지성 두피용 관리 제품에는 대부분 비타민 B_6가 토닉(Tonic) 성분에 혼합되어 치료제 및 관리제로 사용되고 있다.

비타민 B_1 : 두피에 열이 생겨 각질층이 비듬이 생기므로 이를 예방하기 위해서는 밀의 배아, 효모, 돼지고기, 마른 새우, 콩, 샐러리, 표고버섯, 현미 등을 충분하게 섭취할 것을 권장한다.

[표 5-9] 수용성 비타민의 기능과 식품

비타민	작용	주요식품
비타민 A	비타민 A가 부족하게 되면 피부는 건조성으로 되고 단단하게 위축된다. 모공 각화증이라 하여 모공 주위가 딱딱하게 돌기되어 탈모가 촉진된다. 비타민 A는 크림에 배합하여 건조성 두피나 비듬이 많은 사람에게 바른다.(과하면 탈모 현상이 일어난다.)	장어, 당근, 달걀노른자, 우유, 소간, 돼지간, 시금치, 호박, 버터, 마가린
비타민 B_2	미용 비타민이라고도 한다. 부족하게 되면 피부, 모발의 신진대사가 나빠진다.	육류, 생선, 내장고기, 시금치, 브로컬리
비타민 B_6	부족하게 되면 피지 분비가 촉진되며 최근에는 유용성 비타민 B_6을 분석하여 tonic에 배합하여 지루성의 손질에 사용하나 효과면에서는 아직 의문이다.	육류, 생선, 내장고기, 시금치, 브로컬리
비타민 복합체	피라아미노 벤조닉산(para amino benzoic acid) : 흰머리의 예방에 도움이 된다고 하나 효과면에서는 미지수이다.	

◈ 대두 단백질 성분 중 이소프라본의 효능

콩에서 추출된 화학 성분인 제니스테인은 5 α-reductase 저해제임이 확인되었다. 또한 콩 추출물에는 이소프라본이 혈중 DHT 농도를 유의적으로 낮춘다고 한다. 제니스테인은 이소플라본이라고 알려진 화학 물질에 속하는 것으로, 콩의 두 가지 주요 요소 중의 하나이다. 이소플라본은 인체에서 작용하는 에스트로겐과 유사한 효과를 가진 식물성 화학 물질인 식물성 에스트로겐이다.

③ 비타민 C

수용성 비타민은 미용과 관련하여 피부의 미백 작용 및 노화 현상, 항산화 작용과 관련이 깊은 비타민이다. 모발의 성장에도 영향을 주며, 염증 억제, 면역력 강화 작용을 하는 것도 비타민 C의 큰 특징이다.

비타민 C : 정신적인 쇼크와 스트레스는 모발을 희게 만드는 원인이 되므로 흰머리를 예방하기 위해서는 신선한 채소나 과일일 충분하게 섭취해야 한다.

④ 비타민 D

탈모 후 모발의 재생에 뛰어난 것으로 알려져 있다. 따라서 비타민과 미네랄을 포함한 파슬리(parsley), 소송엽, 딸기, 시금치 등의 야채류도 많이 섭취할 필요가 있다.

아름답고 건강한 모발과 두피를 갖기 위해서는 적절한 운동과 휴식, 충분한 수면을 취하며 스트레스를 줄일 수 있는 건강한 생활로 자기 조절을 하도록 해야 한다.

[표 5-10] 모발 및 두피에 도움을 주는 비타민

비타민 영양소	모발에서의 역할
비타민 A	피지선의 강화 기능 향상
비타민 C	피부의 콜라겐 성분 유지
비타민 E	두피 순환, 모발의 질 강화
비오틴	탈모 방지, 백모 진행 방지
이노시톨	모낭 건강 유지
니아신(나이아신)	두피 혈액순환 기능 향상
비타민 B_5	호르몬 조절 도움
비타민 B_6	DHT로써 전환 방지
비타민 B_{12}	CPA 테라피 소모

6) 무기질

(1) 무기질의 기능

균형 잡힌 건강한 식생활을 한다는 것은 각 식품군 간의 균형을 이루며 다양한 선택으로 적당량의 음식을 섭취하여야 한다.

모든 영양소를 완전하게 포함하는 식품은 없으므로 어느 한 식품군에만 편중하여 섭취하지 말고 육류, 곡류, 채소 및 과일류, 유제품 등을 균형 있게 섭취하는 습관은 평소에 길러야 한다. 무기질 중에서도 칼슘, 철분, 아연, 요오드 등은 질병과 밀접한 관계가 있다.

무기질 부족으로 가져오는 질병을 치료하기 위하여 필요한 식품의 양을 알아야 하고 섭취하는 방법도 익혀두어야 한다. 무기질은 혈액의 삼투압과 관계가 깊으며, 피부의 수분량을 일정하게 유지하는 데 필요하다.

[표 5-11] 무기질의 기능

미네랄 영양소	모발에서의 역할
B(Boron)	신진대사를 돕는 역할
Ca(Calcium)	모발 조직 구성
동 Cu(Copper)	모발 재생 도움
I(Iodin)	피지선과 모낭에 영양 공급
철 Fe(Iron)	모발 재생 유지, 보수 역할
Mg(Magnesium)	신진대사 관여
Se(Selenium)	피부 탄력, 튼튼한 모발 유지
Si(Silica)	모발 강화
유황 S(Suifur)	모발 구성 성분
아연 Zn(ZinC)	비타민 B_6와 함께 DHT전환 차단

(2) 무기질의 분류

[표 5-12] 무기질의 분류

구분	원소명
필수 무기질 : 다량 원소	Ca(칼슘), Mg(마그네슘), Na(나트륨), K, P, Cl, S
미량 원소	Mn, Fe, Cu, I, An, Co, Se

옛날부터 모발에는 미역과 다시마 등 해초가 좋은 것으로 알려져 있다. 해초에는 모발의 영양분인 철, 요오드, 칼슘이 많이 포함되어 있어 두피의 신진대사를 높이는 효과가 있다. 특히 I(요오드)는 젊게 만드는 갑상선 호르몬의 분비를 촉진시켜 모발의 성장을 도와주고 있다. 미네랄 요오드, 비타민 등의 영양소가 풍부하게 함유된 해조류는 모발의 성장뿐만 아니라 모발의 원료를 전달하는데 필수적인 혈액 순환에 도움을 준다.

1 유 황(S)
모발을 구성하는 주 성분으로 유황(S)을 함유하는 단백질의 섭취량이 부족하면 모발의 노화가 빨리 올 수 있다. 두발의 노화를 예방하기 위하여 콩, 닭고기, 쇠고기, 생선, 계란, 우유 등을 충분하게 섭취하여야 한다.

2 아 연(Zn)
모발을 튼튼하고 윤기 나게 만들어 주고 특히 흰머리 예방에 도움이 되므로 조개, 시금치, 해바라기씨 등을 충분하게 섭취해야 한다.

연구 결과 아연은 5-α환원효소 활동, 남성 호르몬의 활동, 그리고 DHT가 모낭에 작용하는 기전을 모두 억제하는 효과가 있다. 모발 성장을 위해서 Zinc picolinate의 캡슐 형태로 복용하는 것이 가장 효과적이며 하루에 60mg 정도 복용한다. 이런 아연 성분은 샴푸 등에도 응용되는 경우가 많이 있으므로 샴푸제 구입할 때 확인해 보아야 한다.

[표 5-13] 무기질의 종류 및 특징

구분	역 할	일일 권장량	급원 식품
칼슘(Ca)	- 골격과 치아 형성 - 피부의 진정 작용, 흥분을 진정 - 심신의 긴장을 풀어 불면증을 완화 혈압과 혈액의 액성을 조절	600~1200㎎	미역, 다시마, 파래, 톳, 김, 우유
마그네슘(Mg)	- 골격과 치아의 구성 성분 - 심장, 혈관계 기능을 강화하여 심장 발작을 예방	300~350㎎	다시마, 미역, 말린 유부, 유제품
인(P)	- 어린이 성장 촉진 - 관절염의 통증 완화 - 건강한 치아 유지 - 지방대사를 촉진시켜 에너지와 활력 증진	700~1300㎎	분유, 계란 노른자, 육류, 어류, 곡류, 치즈
소금(Na)	- 신경과 근육의 정상 생리를 보조함	10g 이하	식염, 젓갈류, 간장, 된장
칼륨(K)	- 혈압 저하 작용 항 알레르기 작용 - 체내 노폐물 배설 촉진 - 머리를 맑게 해줌	900㎎	감귤류, 녹황색 채소, 감자, 고기류
망간(Mn)	- 신경 기능 정상 유지 - 유즙 분비 정상화, 뼈 발육 촉진	2~5㎎	곡물, 야채, 동물의 간

③ 요오드(I)

모발의 발모를 원활하게 해주는 역할을 한다. 발모를 위하여 해조류, 특히 다시마 등을 충분하게 섭취해야 한다.

7) 효소

(1) 효소의 조절

인체의 모든 대사는 효소(enzyme)의 작용으로 이루어진다. 효소는 단백질의 모습을 촉

매로서 생물이 생명 현상을 유지하는데 필수적이다. 그리고 물질의 합성, 분해 반응은 고분자의 유기 화합물인 효소의 작용으로 이루어진다.

효소 식품은 건강한 세포를 만들고 인체가 건강한 상태를 유지하여 갈 수 있도록 체내 효소 활동을 도와준다. 효소는 수백 가지의 반응을 촉매함으로써 영양 물질을 분해시키고, 여기서 생성되는 에너지는 생명 현상에 사용한다.

(2) 효소의 기능

체내에서 일어나는 거의 모든 반응은 대단히 독특한 것이다. 따라서 일정한 조건하에서는 일정한 반응밖에 일어나지 않는다.

효소는 단백질, 미네랄, 비타민과 같은 활성기가 결합된 형태의 수정과 같이 미세한 유기질이다. 한 효소는 각기 하나의 반응에만 작용하는 특이성을 가지고 있으므로 인체는 계속하여 많은 효소를 필요로 한다. 그러므로 체내에서 효소가 부족하거나 기능을 잃게 되면 결코 건강할 수 없으며 효소야말로 생명과 건강의 근원이다.

효소 반응은 생명의 유지와 필요한 대사의 요인이 된다. 이 반응이 관여하는 효소와 영양소와의 관계는 다음과 같다.

[표 5-14] 호르몬, 효소, 비타민의 비교

종류	호르몬	효소	비타민
대사기능	조절	대사의 촉매	조효소
역할	내분비선	각 세포	식물, 미생물
생성 부위	없다	없다	있다

2. 모발과 식품과의 관계

1) 모발이 좋아지는 식품

모발은 하루에 평균 0.2~0.3mm씩 자라나므로 모발 관리를 매일 꾸준하게 하면서 모발의 성장을 돕는 식품을 충분히 섭취할 때 아름다운 모발을 가질 수 있다.

모발에 좋은 음식 역시 자연식의 균형 잡힌 음식이며, 인스턴트식품이나 기름진 음식 등은 두피와 모발의 성장에 저해 요인으로 작용한다.

(1) 모발 성장에 좋은 음식

특히 모발에 대해서 신진대사 기능 및 성장에 관련이 있는 갑상선 호르몬의 생성을 도와주는 주된 영양인 요오드(iodine) 성분으로 인해 모발의 건조화 현상을 막고 윤기를 준다. 체내에 대한 해조류의 작용은 부족하기 쉬운 칼슘의 섭취로 균형 있는 영양분의 섭취에 도움을 준다.

(2) 모발 성장에 나쁜 음식

모발의 건강 역시 음식에서부터 출발한다. 균형 잡힌 식단과 식 습관은 모발과 두피의 건강을 되찾아 주어 탈모 치료에도 효과를 준다. 즉, 올바르지 못한 식 습관은 모발과 두피의 건강을 해쳐서 탈모를 유발한다.

① 종류 : 동물성 지방이 많은 기름진 음식의 섭취
② 특징 : 동물성 지방의 과다 섭취는 혈관 이상을 가져와 혈액순환 장애를 유발하며, 피지선의 비대 및 그에 따른 피지량의 증가로 인해 나타난다. 또 두피가 청결하지 못하

면 지루성 두피에서 모낭의 위기를 가져온다. 또한 심각한 경우에는 피지의 작용에 의한 지루성 탈모 및 지루성 피부염을 유발한다.

③ 단 음식의 섭취는 인슐린 호르몬 분비를 높여 남성 호르몬의 수치를 증가시키며, 혈중 포도당의 축적으로 인한 세포 내 영양분 공급을 저해한다.

④ 종류 : 짜고 매운 자극적인 음식

⑤ 특징 : 두피 자극 및 소화기 계통의 자극으로 인하여 신진대사 기능의 둔화 등이 나타날 수 있으며, 그로 인하여 두피 문제점을 유발할 수 있다.

3. 대사와 영양

1) 에너지 대사(Energy metabolism)

에너지 대사는 소화관에서 소장이 영양소를 흡수한 다음 신장에서 요를 생성하는 것 등 생명을 유지하기 위하여 인체 내에서 이루어지는 모든 활동 대사(metabolism)라 하며, 인체의 활동에 필요한 에너지는 섭취하는 음식물로부터 얻고 있다. 음식물 가운데 탄수화물, 단백질, 지질 등 고분자는 저분자 물질로 분해 되면서 에너지를 방출한다. 인체는 이 에너지를 생명 활동에 이용한다.

일반적으로 연료 공급으로 문제가 되는 것은 ATP 생산을 위하여 쓰여 지고 있는 3대 영양소로서 당질, 지질, 단백질이다.

한편, 근육이 활동을 계속할 수 있도록 충분한 ATP를 공급하여야 하며 에너지 대사율을 높이는 능력이 뛰어나야 한다.

에너지 대사 능력을 높이려면 우선 적절한 산소와 영양분이 수송되어야 한다.

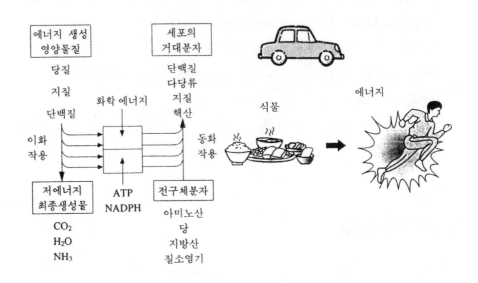

[그림 5-6] ATP의 화학적 구조와 합성 분해 과정

2) 생체 대사

　열량소가 분해 되어 에너지를 생산하기 위하여 소화, 흡수 과정에서 다양한 열량소의
음식물이 세분화된 영양소로 흡수되어 혈액이나 림프액에 의하여 인체 내의 각 조직으로
운반된다. 운반된 영양소는 새로운 체 조직을 만들거나 노화된 체 조직을 보수하는데 사
용되거나 에너지를 생산하기 위하여 산화된다. 이때 과잉된 영양소 글루코겐은 지방으로
활용되거나 저장된다. 이러한 과정을 대사라 하며 대산에는 동화 작용과 이화 작용의 두
가지 형태가 있다.

4. 탈모 영양

사람의 모발은 이른 봄과 가을철이 되면 비교적 많이 빠진다. 그러나 계절에 관계없이 탈모 현상이 일어나는 원인은 매일 섭취하는 식사의 불균형에서 온다고 보아도 된다.

안드로겐은 모근, 두피와의 친화력을 조절하는 호르몬이 많이 분비되어 머리에 기름기가 많아진 경우에 대부분이 탈모 증세를 호소한다.

두발에는 발모(모근을 나오게 촉진) 육모(育毛 : 길어지게 유지) 흑모(黑毛 : 머리색 검게 유지)가 서로 상관 관계가 있기 때문이다.

1) 탈모 예방 식이요법

탈모에는 동물성 지방과 당분이 가장 나쁘다고 알려져 있다. 이들 성분이 DHT수치를 높이기 때문이다. 탈모를 예방하려면 모세혈관을 통해 모발에 영양 공급이 원활하게 이뤄져야 한다. 따라서 콩에 포함된 식물성 단백질이나 비타민, 요오드 같은 미네랄 등의 섭취에도 신경을 써야 한다. 머리털을 구성하는 성분인 각종 비타민과 요오드, 아연, 유황, 철분, 칼슘 등이 들어 있는 마늘, 양파, 다시마, 김 등을 충분히 섭취하면 모발을 튼튼히 유지하는 데 도움이 된다.

비타민 D는 손상된 모발을 재생시키는 효과가 있으며, 비타민 E는 말초혈관의 활동을 촉진해 혈액순환을 돕는다. 혈액순환이 잘되면 모발의 건강에도 도움이 된다.

(1) 녹차

녹차는 카테킨(catechin)이라는 물질이 여러 안정 효과 이외에도 '5- αreductase' 를 억제하는 효과를 지니고, 프로페시아와 비슷한 메커니즘으로 DHT 생성을 억제한다. 발효시킨 녹차보다 녹차 잎을 자연 그 상태로 미세하게 갈아 마실 수 있는 말차 형태가 가장 효과적이다.

음식 조절 방법은 프로페시아 약 복용과 함께 하면 더 큰 효과를 가져 온다. 남성 호르몬인 테스토스테론(testosterone)의 생성 조절과 DHT 생성 조절을 함께 할 수 있기 때문에 탈모 예방 효과를 더욱 극대화할 수 있다.

(2) 피지움(Pygeum africanum)

아프리카에서는 자라는 상록수에서 추출되는 물질로 '5-알파-환원 효소'를 억제하는 효과가 있어 유럽에서 전립선 치료와 남성형 탈모 치료에 많이 사용된다. 캡슐 형태로 하루에 60~500mg 정도를 복용하도록 되어 있다.

(3) 고단백과 한방 약초

한방에서 모발과 가장 관련 있는 신(腎) 기능을 향상시켜 주는 것이 중요하다.

머리카락은 95% 이상이 단백질과 젤라틴이란 사실도 주목해야 한다. 따라서 단백질이 풍부한 달걀, 정어리, 콩, 검은 깨, 찹쌀, 우유를 충분히 섭취하면 좋다.

생강은 혈액순환을 돕고 신진대사를 활발하게 해주어 뚜렷한 이유 없이 머리카락이 많이 빠질 때 탈모를 지연시키는 효능을 기대할 수 있다. 생강즙을 머리에 마사지하듯 꾸준히 발라주면 된다.

오색(五色) 중에서도 검정은 신에 해당하는 것으로 검정 콩과 검정 깨, 다시마 등 검은색 식품을 다양한 방법으로 꾸준히 먹는 것이 좋다. 그 밖에 하수오, 구기자, 당귀, 솔잎 등도 효과적이다.

① 감초 추출물 : 항염 작용 및 5-αreductase 활성 저해
② 도인유 추출물 : 혈관 확장 작용 및 항알러지 작용
③ 당귀 추출물 : 항염 효과와 모근 영양 공급

④ 산초 추출물 : 살균 효과와 각종 피부 질환에 효과

⑤ 인삼 추출물 : 세포 부활 효과 및 모근 기능 개선

⑥ 천궁, 단삼, 홍화 추출물 : 말초 혈액순환 촉진

⑦ 초산 토코페롤 : 두피의 원활한 영양 공급

⑧ 살리실산 : 비듬 완화

⑨ 니코틴산아미드 : 두피의 보습 효과

2) 생식을 이용하는 방법

생식을 공부하는 사람들에 의하면, 우리 신체 중 머리카락을 담당하는 기관은 신장과 방광이라 한다. 신장과 방광이 머리카락을 관장하는데 있어서 가장 중요한 기능은 방광 경락을 통해 머리끝까지 충분한 소금기를 공급하여 물기와 같이 피 속의 영양분이 함께 전달한다. 그래야 머리의 피부 온도가 따뜻해지고 혈액순환이 잘되어 모근으로의 영양이 삼투압 작용으로 잘 통한다 하며, 이러한 효과를 볼 수 있는 음식 형태는 아래와 같다.

① 생식을 하면 혈관이 정화되고 골고루 영양이 공급되어 세포가 젊어지고 튼튼해지며 머리의 막힌 기혈을 뚫어 준다.

② 천연 소금, 다시마, 멸치, 삶은 물을 잘 혼합하여 짭짤하게 따뜻한 물 형태로 하루에 3회 정도 한번에 한 컵씩 마신다.

③ 검정 콩, 돼지고기, 돼지뼈 곰국, 된장국, 찌개, 미역국, 젓갈, 두부

Chapter **6**

모발 관리

Hair and Scalp management

6. 모발 관리

1. 모발 관리

　　모발은 신체의 일부이므로 아름다운 모발을 간직하는 것은 전신의 건강과 미용에 통한다. 특히 완벽한 헤어스타일 창출을 위해서는 건강한 모발과 두피 관리가 매우 중요하다.

　　모발 클리닉(hair clinic)은 손상된 모발을 관리하기 위한 제품을 사용하여 모발 보호 효과를 높이는 모발 관리(hair clinic)와 두피 청결을 통한 모발 성장 지원의 두피 관리(scalp care)로 구분된다.

1) 모발을 관리하는 목적

　　모발 관리의 근원은 두피 관리로부터 시작된다. 즉, 건강한 모발을 유지하고 탈모를 예방하기 위해서는 두피 관리를 잘해야 한다. 두피에 염증, 비듬이 있거나 탈모 증세가 나타나기 시작하면 바른 대책이 강구되어야 한다. 가장 손쉬운 두피 건강은 올바른 샴푸법으로써 샴푸(shampoo)는 머리카락은 물론 두피를 깨끗하게 하는 것이 목적이다.

(1) 두피 관리 방법

두피 관리란 두피를 청결히 하고 비듬이나 가려움을 방지하며 두피를 보호하여 탈모를 방지하고 육모 촉진까지 포함된다. 이러한 두피 관리는 두피에 물리적 자극을 주는 물리적 방법과 헤어 토닉 등을 사용해 두피 및 모발 생리 기능을 촉진시키는 방법 등이 요구되고 있다.

(2) 두피 관리가 요구되는 대상

건조 모(Dry hair), 다공성 모(Porosity hair), 손상 모(Damage hair) 또한 알칼리성 제품에 지속적으로 모발을 노출시키게 되면 모발 내의 케라틴 성분이 소실되거나 결핍되어 모발손상을 더욱 가속화시키게 된다. 이런 시술을 한 후 화학적인 시술 전후에도 모발을 위한 관리가 반드시 필요하다.

두피에 잦은 화학적인 시술(펌, 염색)이나 화학 자극이 큰 헤어 제품의 과다하게 사용하면 두피의 이상, 탈모의 원인이 될 수 있다. 그에 적합한 시술(두피 마사지, 각종 의료기기 사용, 제품의 적용 등)을 통해 두피를 청결하게 하고 건강하게 만들어 문제를 개선(또는 해결)하는 것을 말한다.

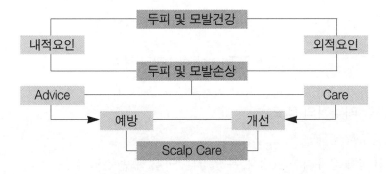

[그림 6-1] 두피 건강의 개선 과정

(3) 두피 건강 매니저란?

현대인의 스트레스성 환경과 유전, 식생활 변화에 의해 폭발적으로 증가하고 있는 두피 질환 및 탈모 질환의 효율적 관리 및 치료를 위하여 전문적인 지식을 겸비한 두피 매니저가 요구되고 있다.

①　두피 건강 매니저의 역할

두피 및 탈모 질환자와의 상담과 현미경 진단 및 견진, 문진을 통하여 원인을 분석하여 관리를 하는데 있다. 매니저는 두피 및 탈모 질환자에게 만족할만한 최고의 서비스를 제공함으로써 전문인으로서의 역할을 수행한다.

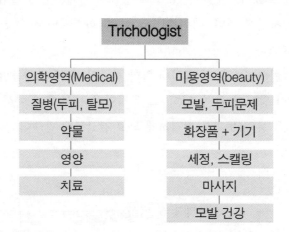

[그림 6-2] Trichologist 관리 영역

②　두피 건강 매니저의 태도

• 항상 청결 상태를 유지한다(냄새, 복장 상태, 구취, 주변 정리 정돈).
• 손톱은 짧게, 에나멜은 바르지 않고 머리는 단정하게 한다.

- 지나치게 크고 화려한 액세서리는 고객에게 부담을 줄 수 있다.
- 개성이 너무 강한 짙은 메이크업은 하지 않는다.
- 상냥함과 친절한 태도와 마음가짐을 갖춘다.
- 두피에 관한 전문 지식을 갖춘다.
- 고객과의 상담 능력과 조언 능력을 갖춘다.

2) 두피 진단

(1) 정의

두피에 발생하는 문제점 및 현재의 상태를 시진(視診),문진(問診) 등을 통하여 체크하는 것이 육안 판단보다는 좀 더 과학적이다. 두피 진단을 위해서 체계적인 방안으로써 200배~800배 정도의 모발 진단기 및 현미경 등을 통하여 두피와 모발을 관찰하는 것이 치료에 효과적이다. 관리자는 고객의 두피 상태에 따라 관리 프로그램에 세심한 배려가 필요하다.

(2) 목적

두피 관리자는 상담을 통해서 1차적인 진단을 보다 정확하게 판단하고, 고객의 두피 및 모발 상태에 적합한 프로그램을 세워야 한다. 두피 관리는 두피 탈모 예방에서 관리의 효과 정도까지 판단할 수 있다.

이를 위한 목적과 관리 중 변화되는 고객의 두피와 모발 상태를 체크하여 앞으로의 관리 방향 및 관리 기간 등을 총체적으로 판단하는데 있다.

두피 진단부터 피지량, 두피의 색, 모공 상태, 모발 밀도, 비듬, 모발 굵기를 기준으로 측정하게 되는데 전문적 케어 진단을 한다. 탈모나 발모 등의 처리는 물론 각종의 약액 처리를 할 때의 모발의 체크는 점점 중요해 지고 있다.

3) 모발 검사와 진단의 실상(Hair examination and diagnostic real)

모발 진단은 정상인 머리카락에 어떤 변화가 생겼는지를 판정하는 것이다. 탈모의 검사에서는 그대로 유리판에 끼워 현미경 밑에서 검사하면 여러 종류의 형태를 한 모근이 관찰된다. 모발의 표면 검사와 현미경 검사법을 하여 표본을 만들어 관찰한다.

고객 상담 및 두피 모발 진단

↓

재료 선택 / 적용법 선택

↓

효과 증대

↓

고객 만족도 증가

↓

수익 증대

[표 6-1] 두피 고객 관리의 문제점

장점	단점
고객 상태별 관리 넓은 고객층 추가 시설 불필요 차별화 전략 shop 환경 개선	재료에 대한 지식 이 필요 다소 번거로운 느낌

(1) 문진(問診)

탈모의 원인이나 경과를 나타내는 중요한 단서가 되는 문진은 부분별 모발 진료 카드를 통해서 예진을 할 수 있다. 내원한 분의 본인과 면접에 의한 질문이나 대화의 방법으로 병력을 파악한다. 고객의 지금까지의 치유법이나 생활환경 진료기록카드(가정, 대인 관계, 직장 등) 등을 자세하게 알아내어 진료카드에 기록한다. 이 진료카드는 진료 기간에 시술 때마다 경과나 효과를 비교 판정하는데 필요하다.

(2) 시진(視診)

두피나 두발의 건강 상태를 루페(lupe, 확대경)를 써서 육안으로 자세히 검사한다.

(3) 모발 진단 방법

① 문진 : 현재의 증상이나 경과와 셀프 케어의 내용, 생활습관 등을 묻는다.
② 시진 : 눈이나 돋보기로 모발이나 두피를 조사한다.
③ 촉진 : 손가락의 감촉이나 빗질로 진단한다.
④ 편광 현미경 : 모간이나 모근의 표면, 손상 정도 등을 마이크로의 세계로 조사할 수가
있다.

(4) 모발 진단 순서

① 관찰하고자 하는 부분은 모발을 잡아 평평하게 잡고 손바닥 위 혹은 검지나 중지손
가락 위에 얹고 조금 당기듯이 텐션(tension)을 주고 현미경 800배율 렌즈가 관찰면
과 직각이 되도록 하여 천천히 움직여 가면서 초점을 맞춘다.
② 관찰하고자 하는 모발 섹션을 잡고 모근, 모간, 모선으로 관찰한다. 관찰하는 부위는
전두부, 두정부, 좌우, 측두부, 후두부 순서로 관찰한다.
③ 모발의 상태를 관찰하여 진단카드에 기록한다.
  • 굵은 모, 중간 모, 가는 모, 직모, 파상모, 축모
  • 지성, 중성, 건성, 탈모성
  • 펌(웨이브/스트레이트)모, 염색 모, 탈색 모, 미처리 모
  • 백모 정도(0%, 30%, 50%, 100%)
  • 길이(쇼트, 미디움, 롱)
  • 두피 쪽 신생 모발의 손상 정도(건강, 약한 손상, 강한 손상)

- 모발 중간 부위의 손상 정도(건강, 약한 손상, 강한 손상)
- 모발 끝 부분의 손상 정도(건강, 약한 손상, 강한 손상)

모발 진단은 모발의 물리적 특성을 기계를 사용하여 객관적인 수치를 알고, 과학적인 진단을 하는 경우는 별도로 대부분은 외관으로 보는 것, 촉감 등 경험적인 것으로 판단하는 경우가 많다.

① 친수성이 크고 적은 것   ② 탄력감이 있는지 없는지
③ 경모, 연모   ④ 굵기
⑤ 손상이 되어 있는지 확인이 필요하다.

[표 6-2] 모발 진단 유형과 그 요소

모발 진단 유형	검진 요소
문진	이름, 성별, 연령, 주소, 직업, 기왕력, 가족력 (유전), 자각 증상, 탈모 정도, 체질
육안 검사	모발의 색조, 광택, 탄력, 성질, 두피의 가려움, 외상, 비듬, 피부염
현미경 검사	모근부, 모간부, 모선부, 표피(탈모 부위), 정상 이상의 식

(5) 모발 진단의 결과

① 기분이 좋은 느낌
두피의 감촉이 탄력성이 있고, 두껍게 느껴지면 두피의 건강 상태는 양호

② 아프게 느껴짐
이것은 위험 신호, 질퍽한 혈액이 두피에 뭉쳐있을 가능성이 있음

③ 딱딱하게 느껴짐

손가락으로 눌러서 마치 돌처럼 딱딱하게 느껴지는 현상은 탈모가 진행된 사람에게서 느껴지는 상태이다. 건강한 모발을 나게 하려면 모유두와 모모세포만의 문제가 아니고 두피 전체의 건강이 중요하다. 모세혈관이나 말초신경은 물론 모든 피하 조직이 정상으로 기능하기 위해서는 두피가 압박을 받아 딱딱하게 되어 있는 것은 최악의 상태이다.

④ 탄력이 없고 물렁물렁한 느낌

손가락이 쏙 들어가는 느낌이라면 요주의. 림프의 흐름이나 혈액의 흐름이 대단히 좋지 못하여 모발의 성장이 좋지 않은 상태라고 할 수 있다.

4) 두피 관리의 실제

(1) 두피 관리를 위한 상담, 진단 및 관리 절차

① 고객 상담(방문 목적의 파악, 두피 문제의 파악)
② 고객카드 및 내담자 문진표 작성
③ 두피 진단 카드 작성
④ 문제 해결을 위한 제시
⑤ 결과
⑥ 티케팅(Tikecting)

(2) 두피 및 모발 관리

① 두피 관리
② 후 관리(불편한 점 파악, 홈 케어 지도 및 관리 방법 제시)
③ 다음 일자의 예약

(3) 관리 실제 – 두피, 모발 관리의 순서

① 상담(문진표 작성, 고객 상담 카드)
② 진단(현미경 사용) - 두피 모발 촬영
③ 두피 경혈 마사지 - 경혈을 이용한 지압
④ 모발 브러싱 단계- 두피 전용 빗 사용
⑤ 두피 수분 공급 - 스티머 사용
⑥ 두피 스켈링(제1 클렌징) - 레귤레이터, 스칼프로션
⑦ 세정(제2 클렌징) - 샴푸
⑧ 두피 재생 및 강화 단계
⑨ 두피 진정 단계- 레이모 이용
  • 두피 및 모발 영양 공급 단계 - 산소 웨건 이용
  • 릴렉스 단계 - 손을 이용한 목, 어깨 근육 마사지

2. 고객 관리 카드의 작성 및 상담

◆상담을 할 때 고객으로부터 참고해야 될 사항

1. 대략 하루 동안 탈모의 양
2. 제품 사용 후 부작용 경험 여부
3. 알레르기 연고제 및 기타 약품의 사용 여부
4. 두피의 각질 정도
5. 두피의 피지 정도
6. 두피의 염증 정도
7. 두피의 가려움 정도

1) 두피 관리 카드

① 두피 유형 진단 카드 : 피부에 나타나는 여러 가지 문제점을 기록한다.
② 두피 관리 시의 종합 의견과 피부의 유형에 관하여 기록한다.
③ 날짜 기입 후 관리 절차에 따라 사용한 기기 사용과 시간 기록 및 제품명을 기록한다.
④ 가정 관리란에는 고객이 가정에서 두피를 관리할 수 있는 홈 케어 교육을 기록한다.

2) 두피 관리 카드 작성 시 유의할 점

① 유전 및 후천적 악화 인자, 관리 방법 등 고객이 느끼는 문제점을 이야기 하도록 유도
한다.

② 두피 관리의 순서는 고객의 의견을 먼저 듣고 이견이 있을 경우 고객의 희망 사항을 최대한 존중하며 설득한다.
③ 제품은 현재 사용하고 있는 제품을 최대한 활용하게 하고, 이 제품이 부작용이 있는 경우에는 단계적으로 교체하도록 유도한다.
④ 관리 내용을 가능한 상세히 적어 방문할 때마다 두피 변화를 체크한다.
⑤ 고객의 문제점을 카드에 메모하여 방문할 때마다 재교육을 실시한다.

◆두피 건강 체크(Hair Self Test)

1. 샴푸 후 두피가 가렵다.

2. 샴푸 후 몇 시간 이내에 두피에 기름이 지며 냄새가 난다.

3. 샴푸 시 모발이 많이 빠진다.

4. 비듬이 많아졌다.

5. 두피가 건조하며 매우 가렵고 모발의 윤기가 없다.

6. 퍼머 염색을 최소 두 달에 한번 이상 자주한다.

7. 헤어 세팅기, 고데기, 드라이 등 열기구를 매일 한다.

8. 염색이나 파마로 인해 심하게 손상 받은 경험이 있다.

9. 평소 헤어스타일 연출 제품(스프레이, 무스, 왁스) 등을 자주 사용한다.

10. 두피에 염증이 생긴다.

11. 머리카락이 가늘어졌다.

12. 최근에 머리가 많이 빠진다.

13. 두피가 딱딱하다.

14. 과중한 업무로 스트레스를 많이 받는다.

* 3개 이상 체크되면 상담 요망   * 6개 이상 체크되면 관리 요망

고객정보

고객명	(한글)	성별	남·여		상담일	200 . .
	(영문)	주민등록번호				
연락처	(자택)	TEL :			담당자	
	(직장)	TEL :				
	(H·P)					

탈모형태

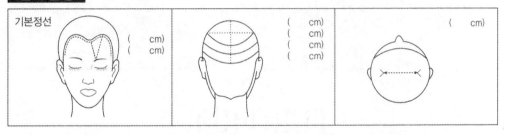

( )	( )	( )	( )	( )	( )	( )	( )	( )	( )	( )	( )
( )	( )	( )	( )	( )	( )	( )	( )	( )	( )	( )	( )

상담정보

1.탈모시기	최근 1~3년 ( )　　　최근 3~5년 ( )　　　최근 5~10년 ( )　　　10년이상 ( )		
2.탈모원인	유전성( ) 신경성( ) 스트레스성( ) 피부질환( ) 산후탈모( ) 호르몬 과다분비( )　　　항암제 사용( ) 세척불량( ) 불면성( ) 대기오염( ) 기타( )		
3.모발상태	큐 티클	□ 약간건조　□ 건조　□ 아주건조	모발상태　□ 끊어짐　□ 늘어남
	모발끝갈라짐	□ 있다　　　□ 없다	시　술　□ 염색모　□ 퍼머모　□ 버진헤어
	굵기	□ 굵은모　　□ 보통모　　□ 가는모	길　이　□ 길다　　□ 중간　　□ 짧다
	모발상태	□ 건성　　　□ 중성　　　□ 지성	
4.두피상태	두피	□ 정상　　□ 건성　　□ 지성　　□ 민감성	
	비듬	□ 전체　　□ 특이　　□ 부분	
	탈모	□ 초기　　□ 진전　　□ 부분적　□ 영구적　　□ 일시적(원형탈모)	
	두피증상	□ 뽀루지(전체/부분) □ 염증 □ 가려움 □ 지선(소량/다량) □ 각질(전체/부분) □ 민감	
5.두피별 유형	건강한 두피	탈모된 두피	유분 두피	가성 비듬 두피	진성 비듬 두피	민감성 두피

탈모진행

기본정선

(　　cm)
(　　cm)

(　　cm)
(　　cm)
(　　cm)
(　　cm)

(　　cm)

DIGANOSIS AND PERSONALIZED HAIR CARE PROGRAM
르네휘테르 헤어케어 프로그램 고객카드

이름(Name) : .... (여/남)

전화번호(Phone number) : .... (직장/자택)

.... (HP)

주소(Address) :

생년월일(date of birth) : ....

담당 컨설턴트(Consultant Name) : ....

직업 : □직장인 □주부 □학생 □자영업 □기타

르네휘테르를 알게된 동기 : □잡지 □추천 □친구 □기타

주로 읽는 잡지명 :

생활패턴진단 (Your ganeral life style)

- 샴푸횟수 : ....
- 가려움증 : ....
- 탈모 : ....

	양호	평균
• 수면 :	□	□
• 식생활 :	□	□
• 운동 :	□	□
• 건강 :	□	□

확대경 진단 (Your microviewer diagnosis)

10개의 머리카락 샘플 중 8개는 성장기, 2개는 상실기에 있어야 함

- 성장기 : 아니겐 (Anagen)
- 휴지기 : 카티건 (Catigen)
- 상실기 : 탈로겐 (Telogen)
- 영양실조 : 카렌스 (Carence)

두피 진단 (Your Scalp diagnosis)

지성 : □	건성 : □
• 기름기 있는 경향 : .... □	• 건조한 경향 : .... □
• 가려움 : .... □	• 붉은 반점 : .... □
• 기름기 낀 비듬 : .... □	• 마른 비듬 : .... □

모발 진단 (Your hair diagnosis)

• 지성 : □	• 끝이 갈라짐 : □	• 불리치한 머리 : □	• 얇음 머리카락 : □
• 건성 : □	• 끝이 부서짐 : □	• 염색한 머리 : □	• 두꺼움 머리카락 : □
• 복합성 : □	• 퍼머한 머리 : □	• 생머리 : □	

두피 진단 (Your Scalp diagnosis)

RENÉ
FURTERER

자료제공 : 르네휘테르

3. 탈모의 현미경 진단법

1) 모발의 검사(Examination of hair)

(1) 검사 방법(Examine method)

① 현미경 검사(Microscopic examination)

① 모근의 검사 : 모근부를 그대로 유리판에 끼워서 현미경으로 관찰하는 것으로 선모근의 형태에서 생리적 탈모(정산)인지 병적 탈모(이상)인지, 또는 억지로 뽑은 털인지를 식별하는 것이 가능하다. 또한 병적인 탈모증의 진단도 가능하다.

② 모간 표면의 검사 : 현미경 검사법에 의해 표본을 제작하여 그것을 현미경으로 관찰한다. 모발의 건강 상태나 손상의 강도 등을 추정하는 것도 가능하다.

② 물리적 검사(Physical examination)

① 두께 : 마이크로 게이지(microgauge)를 이용하여 측정한다. 모발 단면에는 원형이 적고 대부분이 타원형이다.

② 신축성과 간도 : 측정 방법은 텐션 메타(tension meta)를 사용한다.

③ 흡수율(팽창률) : 모발을 물에 담근 후 중량을 측정하는 방법으로 흡수량을 산출한다. 정상 모의 흡수량은 35%이지만 손상 정도에 따라 커진다. 건강한 모발은 물의 침투가 어렵다. 손상이 커질수록 흡수량은 많아진다.

④ 수분 함유량 : aqueous check 방법을 사용하여 측정하면 간단하지만 기계의 편차나 측정법에 오차가 크므로 기계의 체크와 측정법에 대한 숙련이 필요하다.

③ 진단 시 주의 사항

고객에게 샴푸한 시간이 언제인지 물어보고 샴푸 후 소요된 시간에 따른 피지 분비량을 감안하여 두피 상태를 진단한다. (참고로 두피 진단은 샴푸 후 6시간 정도 지난 다음이 가장 이상적이다.)

두피 측정 시 고객의 두피에 강한 압을 주거나 두피 상태에 대해 지나친 놀람 등 감정 표현을 드러내지 않는다.

2) 두피 및 모발 관리의 실제

머리 감는 횟수는 1~2일간 1회가 적당하다. 보통 두피가 건성이면 이틀에 한번, 지성이면 매일 머리를 감는 것이 좋다. 너무 머리 감기를 안 하면 분비물에 의해 더러워져 두피를 자극, 염증을 일으켜 탈모가 쉽게 일어난다. 반면에 자주 머리를 감는 것은 두피와 모발을 약하게 한다.

모발의 주성분은 단백질이기 때문에 고열에 약하다. 따라서 헤어 드라이어는 저온으로, 20cm 이상 모발로부터 거리를 두도록 한다.

(1) 헤어 트리트먼트제 종류

헤어 트리트먼트제에는 사용 목적, 사용 방법, 형태에 따라 몇 가지의 종류가 있다.

① 사용 목적에 따른 종류

① 모발의 건강을 유지하고 손상으로부터 예방하기 위해 아침저녁의 머리 손질에 사용하는 트리트먼트제
② 손상 모의 진행을 방지하고 회복시키는 트리트먼트제
③ 퍼머넌트 웨이브나 헤어 컬러링 등을 시술할 때 손상 부에 도포하여 약제로부터 모

발을 보호하기 위한 프레 트리트먼트제

④ 자외선에 의한 모발의 단백질이나 염색 모의 퇴색을 방지하기 위한 자외선 흡수제 등을 배합한 트리트먼트제 등이 있다.

2 사용 방법에 따른 종류

① 도포 후 헹궈내는 타입의 트리트먼트제는 손상 모의 회복이나 방지에 알맞다.

② 도포 후 헹궈내지 않는 트리트먼트제는 모발 손상의 예방을 목적으로 보통 머리 손질에 사용된다.

(2) 세정

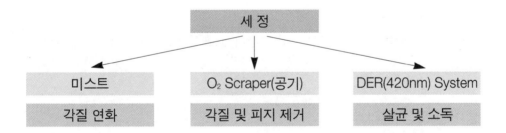

1 준비 단계

관리를 시작하기 전에 고객의 심리적 안정 및 긴장감을 완화시키기 위한 릴렉스 단계이다. 편안하고 안정된 분위기를 조성하기 위해 주변 환경 정리 및 아로마테라피, 뮤직테라피를 적절히 활용한다.

② 두피 지압 단계

맨손을 이용하여 두피와 후두부 지압점(백회, 신정, 두유, 아문, 천주, 풍지, 완골 등)을 지압하여 막혀 있는 혈의 흐름을 원활하게 하고 두피 근육을 이완시킨다.

③ 관리 시 주의 사항

① 지나치게 잦은 두피 관리는 오히려 두피 문제점을 유발할 수 있으므로 1회/1달 주기로 관리한다.
② 펌, 염색 등의 화학적 시술 전에는 가급적 피하는 것이 좋다. 모공을 열어 화학제품의 두피 속 침투를 유발할 수 있다.
③ 1일/1회 세정 시 식물성 성분의 약산성 샴푸제를 유발할 수 있다.
④ 적외선 사용 시 두피로부터 약 30cm 정도 떨어진 거리에서 사용 강도는 약 7~8 정도에 놓고 조사한다.
⑤ 브러싱 시 역행(逆行) 브러싱 방법을 택하여 활성 효소(5a리닥타제)의 자극을 막아 준다.

(3) 넓어진 모공 관리

손쉬운 모공 관리법은 피지와 모공 관리의 최상책은 바로 청결, 피지 분비가 많아지는 현상을 그대로 방치하면 모공 속에 노폐물이 쌓이게 된다. 그러면 피지가 분비되는 통로가 좁아지고, 결국 모공이 자꾸 커지게 된다.

먼저 미지근한 물로 세안용 비누를 충분히 거품을 낸 씻어낸다. 특히 피지가 쌓이기 쉬운 코나 이마, 턱 부분에는 더욱 신경을 써서 세안을 한다.

마지막에 찬물이나 얼음물을 이용해 얼굴을 헹궈내면 모공이 조여지게 된다. 일주일에 한번 정도 팩이나 마사지를 통해 모공에 쌓인 각질이나 피지를 제거해 주는 것도 좋다.

넓은 모공 치료법은 일단 넓어진 모공은 피부과에서 시술을 통해 치료하는 것이 가장

효과적이다. 일반적으로 넓어진 모공을 치료하는 방법으로는 전류를 이용한 ESS요법 프락셀 레이저 피부를 얇게 벗겨내는 필링 등이 있다. 개개인의 피부에 따라 맞는 치료법이 있으므로 전문의와 충분한 상담을 거쳐 자신에 맞는 치료를 2~3가지 정도 골라 병행 치료하는 것이 가장 좋다.

(4) 홈 케어

현재의 두피 상태가 정상적이라 하더라도 샴푸 잔여물의 오랜 시간 누적 등으로 인해 모공 주변이 막힐 수 있으므로 사전에 예방 차원의 홈 케어가 이루어져야 한다.

때문에 정상 두피의 홈 케어는 치료 차원의 홈 케어 관리가 아닌 예방 차원의 관리로 이어져야 한다.

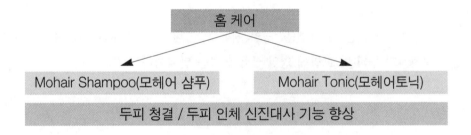

① 헤어 브러싱(Hair brushing)

브러싱은 두피 관리에 있어 가장 기본적인 테크닉이다.

모발에 묻어 있는 이물질을 제거하고 두피에 자극을 주어 혈액순환을 도우며 엉킨 모발을 정리하여 안정을 시킬 수 있는 단계이다. 브러싱의 목적은 다음과 같다.

① 모발의 더러움을 제거시킨다.
② 비듬, 분비물, 외부로부터의 먼지 등을 두피에서 제거시킨다.

③ 두피의 혈액순환을 원활하게 하고 분비선의 기능을 활발하게 한다.
④ 모발의 광택을 좋게 하고 자극과 쾌감을 주어 미용 효과를 높인다.

2 스켈링(Deep Cleansing)

두피의 정상화를 시키기 위해 두피의 문제를 일으키는 장애 요인(노화 각질, 비듬, 피지 노폐물, 염증)을 제거하기 위해 모공 주변 및 두피를 면봉을 이용해 깨끗하게 닦아낸다.

3 두피의 재생 및 진정 단계

문제가 있는 두피와 탈모가 진행되고 있는 부위를 집중적으로 각종 기기를 이용하여 모세혈관을 확장 및 혈액순환을 좋게 하여 모모세포 및 모유두를 자극하여 원활한 영양 공급이 용이하게 하며 세포 활성을 촉진시키는 단계이다.

4 두피의 영양 공급 단계

현 두피 상태에 적합한 제품(앰플, 영양 에센스, 크림)을 산소테라피와 적용해 두피의 문제점을 개선시켜 두피 및 모발에 영양 공급을 하는 단계이다.

(5) 영양

① 릴랙스 마사지 단계

손가락과 손바닥을 이용하여 목과 어깨의 근육 뭉침을 해소시키며 근육의 홍혈된 혈액의 순환을 개선시키기 위해 후두하근과 승모근, 능형근을 집중적으로 이완시키는 단계이다.

그러나 각각의 마사지를 할 때는 손가락 전체, 손가락 끝, 손바닥의 쿠션이 두피 부근의 근육, 신경, 핏줄을 자극할 수 있도록 손을 모발 밑으로 놓는다.

① 이완 운동 : 왼손으로 고객의 턱을 잡는다. 오른손을 두개골(후두부)에 놓고 손을 부드럽게 회전시킨다. 손의 위치를 바꾸어 되풀이한다.

② 미끄러지는 운동 : 양손의 손가락 끝을 고객의 머리 위 양쪽에 놓는다. 손가락 끝을 펼쳐서 머리 위쪽으로 진동(지그재그) 운동시키면서 두정부에서 두 손가락 끝이 만날 때까지 4회 반복 움직인다.

③ 두피 운동 : 손바닥을 두피 양쪽에 단단히 놓고 회전 운동을 한다. 처음에는 손을 귀 위에 놓고, 두 번째에서 머리의 앞과 뒷부분에 놓고 한다.

④ 모발선 운동 : 양 손가락을 이마에 놓는다. 손을 들어올려 손가락 끝 완충면을 이용, 회전시키면서 헤어 라인(hair line)을 중심으로 마사지한다.

4. 모발 화장품과 모발 성장 제품

1) 모발 화장품

모발 화장품에는 두피, 모발에 있는 피지, 땀, 비듬, 각질, 먼지, 화장품 찌꺼기 등을 세정하는 기능과 모발의 보호와 영양 공급 등의 처리 기능이 있다.

두피는 피지 분비가 많은데다 두발이 밀폐하고 있으므로 피지가 변패하기 쉽고, 정발용 화장품의 잔사가 부착되어 있어서 더러워지고 불쾌한 냄새가 날 수 있다. 따라서 비듬과

더러움을 제거하고 두발이나 두피를 청결하게 유지하기 위해 세발용 화장품이 사용된다.

[표 6-3] 세발용 화장품의 품목과 효능의 범위

품목	효능의 범위
머리 감는 비누	두피, 모발을 깨끗하게 한다.
샴푸	두피, 모발을 건강하게 유지한다.
기타	비듬, 가려움을 제거한다.

2) 모발 성장 제품의 기능

모발의 성장을 도와주고 탈모를 방지하는 기능을 지니고 있다. 두발에 사용하는 육모제 및 발모제의 주성분들은 혈행 촉진 및 남성 호르몬의 작용 억제, 피지 균형 조절 등의 기능을 갖고 있다.

육모제란 모근 부위에 영양을 공급하여 모발의 성장을 도와주는 화장품류를 말하는데, 일반적인 화장품류와는 기능에 있어 차이가 있는 특별한 화장품이다.

현재 탈모 시장에 있어 모발의 성장을 도와주는 제품으로 발모제, 육모제, 양모제 등이 있다. 여기서 기능 및 성분, 용어상에 있어 큰 차이를 두고 있다. 이 같은 차이는 제품의 성분 및 효능, 효과, 제품의 위험성 등에 따라 의약품, 일반 의약부외품, 화장품 등으로 구분되는 차이를 두고 있다.

양피(養皮), 양모제(養毛劑) : 상기의 종합 작용으로 양피, 양모 효과도 나타나지만, 일반적인 의미로 유성분(油成分), 올리브유, 라놀린, 레시틴 등을 다소 첨가하고 건조 두피용으로 사용한다.

[표 6-3] 모발 촉진 및 영양제의 성능과 효능

효능 및 효과	성분
혈행 촉진제 모근영양제	센부리추출물, 세파라틴, Vitamin E, 니코틴산, 정기류 비타민(B, E)와 시스테인, 시스틴, 메치오닌, 세린, 루이신, 트립토판 등의 아미노산 엑기스 등 에스트라디올, 에티닐에스트라디올,
호르몬계 국소자극제 모근세포생성제 보습제 기타	에스테르 고추팅크, 판토텐산, 알라토인, 태반 추출물 등 글리세린, 하이론산, 녹두 추출물, 세라마이드 등 아미노산, 비타민류, 감초추출물, 살리실산, 비듬 및 가려움 방지용 약제

[표 6-4] 모발과 두피에 적용되는 케리어 오일

케리어 오일	특 성	적 용
아보카도 (Avocado)	유분ㆍ수분이 많으며 침투력이 우수하고 지방 노폐물 분해에 효과적이다.	지성 두피
아몬드 (Almond)	피부 연화제로 모든 피부에 마사지용으로 사용, 흡수력이 우수하고 비타민 D가 많다.	건성 두피
이브닝 프라임 로즈 (Evening prime rose)	비타민과 미네랄이 풍부하고 피부 재생 및 피부 진정 효과가 있다.	건성, 탈모성 두피
그레이프시드 (Grapeseed)	포도씨 추출로 유분이 가장 작다.	지성 두피
코코넛(Coconut)	단백질과 식물성 피지 성분이 함유되어 있어 모발에 많이 사용한다.	모발에 영양
헤이즐넛(Hazelnut)	비타민이 많이 포함되어 높은 수렴 효과가 있다.	모공 수축, 지성 두피
카렌듈라(Calendula)	금잔화 추출로 알러지에 효과적이다.	예민성, 민감성 두피
호호바(Jojoba)	식물성 왁스로 미네랄 단백질 함유	건성 비듬

(1) 약물 치료의 한계

현재 성인 남자의 5~6명 중 한 사람은 탈모 현상이 나타나고 있으며, 특히 젊은 층의 조발성 탈모(早發性脫毛)가 증가하고 있는 것이 특색이다.

머리가 빠지고 탈모가 시작되면 누구나 한번쯤은 시도해 보는 것이 이른바 발모제(發毛劑) 또는 양모제(養毛劑)라 하는 모발의 약물 요법이다.

선전하고 있는 광고를 보아도, 이러한 발모제와 양모제를 비롯해서 모발 제품의 수요가 늘고 있다. 여기서 발모제와 양모제에는 몇 가지 유형이 있는데, 그 주된 내용을 보면 다음과 같다.

① 모발 뿌리에 혈액순환을 좋게 하여 영양 공급을 한다는 것
② 모근의 신진대사를 촉진한다는 것
③ 남성 호르몬을 억제한다는 것
④ 환원 효소를 억제한다는 것

(2) 모발 및 두피 손질(Hair & Scalp Treatment)

두피나 안면 마사지로 원하는 효과를 얻으려면 미용사는 근육, 신경, 혈관 등과 같은 관련 구조에 대해 완벽한 지식을 갖추고 있어야 한다. 모든 근육과 신경에는 운동점이 있다. 운동점의 위치는 신체 구조에 따라 개인마다 다르다. 그러나 올바른 운동점을 약간만 조작해주면 마사지 치료의 초기에 긴장을 완화시킬 수 있다.

3) 헤어케어, 스켈프케어 상품

(1) 육모제(Hair growth promoter)

육모제는 알코올 수용액에 각종 약효 성분을 첨가한 외용제로 머리(head)에 사용하여 두피 기능을 정상화시키며, 두피(scalp)의 혈액순환을 촉진시켜 follicle의 기능을 높여 발모, 발육 촉진 및 탈모, 비듬 가려움증의 방지 효과를 갖는다.

① 종류
육모제는 약효 성분의 종류 및 배합량과 효능 효과의 차이에 따라 화장품, 의약부외품, 일반용 의약품, 의료용 의약품 등 4종류로 나눌 수 있다.

① 화장품의 육모제 효능
② 비듬, 가려움증 방지, 탈모의 예방
③ 의약부외품 효능
④ 모발 생육 촉진, 발모 촉진, 육모, 양모, 박모, 비듬, 가려움, 탈모의 예방

◆ 육모제의 발모 효능

기본적으로 혈행을 증진하여 모발의 성장을 촉진하는 것이 목적이며 혈행 확장제, 영양 보조제(각종 비타민, 아미노산 외에 자극제, 항염증제, 살균제 등)가 배합되어 있다. 한방의 당약(센브리)유출 엑기스인 '스엘치노겐' 이 일본의 하기와라씨의 연구로 발모 촉진 효과가 큰 것으로 알려져 있다.

[표 6-5] 육모제의 효능 및 효과

육모제	육모제의 약효성분
작용	육모 탈모 예방 혈 생성 촉진, 발모 촉진 혈행 촉진, 국소자극, 모포(毛包) 부활 항남성호르몬, 항지류 각질 용해, 살균 소염

효능, 효과	피부 상태
혈관 확장제	센브리 추출물, 세파란틴, 비타민 E 및 그의 유도체, 정기류, 니콘틴산
영양제	비타민(비타민 B, 비타민 E) 시스테인, 시스틴, 메치오닌, 세린, 루이신, 트립토판 등의 엑기스

② 육모제의 약효 성분

남성 호르몬에 의해 follicle의 기능 저하 또는 머리카락의 신진대사 및 두피 생리 기능의 저하를 들 수 있다. 탈모 원인이 되는 것을 예방하는 방법으로서는 무기질 세포의 활성화에 따른 모유두에 영양과 산소가 원활히 공급되어 혈행을 촉진시킨다.

두발에 쇠퇴되고 있는 follicle에 재생 작용과 혈류 촉진을 위한 영양 성분을 보급하여 육모와 탈모를 예방시킬 수 있다.

샴푸, 린스나 헤어트리트먼트 제품 중에는 머리카락의 표면을 코팅해서 굵어지게 하는 제품들이 있다. 이런 제품들에 의해서 굵어지는 정도는 적지만 전체적인 효과는 상당히 뛰어나다.

(2) 양모제

모발의 성장은 혈관을 통해서 영양분을 공급을 하며 모유두의 모 세포로부터 케라틴 세포로 세포 분열을 반복하여 성장한다. 양모제를 두피에 발라 마사지하면 두피의 혈액순환

을 촉진한다. 이렇게 하면 두피 기능을 원활하게 하여 모유두를 자극함으로써 모 세포의 분열 증식을 정상화하여 생리적으로 육모를 도와주는 역할을 한다. 이렇게 하면 발모 촉진, 탈모 방지, 비듬 등을 방지할 수 있다.

1 양모제의 주성분

① 세포 부활제 : 히녹치온, 판트텐산, 펜타드간산그리세이드, 세파란친, 비오친 등
② 혈액 촉진제 : 비타민 E 유도체, 미녹시질, 인삼 엑기스 등
③ 각질 용해제 : 살리실산, 레조르신, 젖산
④ 난포 호르몬 : 에스트로겐, 에스트라디올 등
⑤ 국소 자극제 : 페퍼민트 오일, L-멘톨, 캄포 등
⑥ 살균제 : 이소프로필메칠페놀, 클로로헥시딘, 감광소 201호, 감광소 301호 등
⑦ 항 지루제 : 유황, 피리독신 및 유도체
⑧ 보습제 : 글리세린, 프로필렌글리콜, 히아루론산나트륨 등
⑨ 소염제 : 글리시리진산 및 유도체, L-멘톨, 캄포 등
⑩ 영양제 : 아미노산류(시스틴, 세린, 메치오닌, 로이신, 트립토판),
　　비타민류(A, B_2, B_6, B_{12}, D)

2 두피와 모발에 대한 효과

① 모발과 두피 각층의 수분 함유량이 높아져 모발은 부드러워지고 두피는 유연하게 된다.(건강인의 두피층의 수분 함유량 15~20%, 모발의 수분량 10~15%)
② 두피 자체의 온도 상승(평균 40℃ 전후)하면 혈관이 확장, 두피와 모근의 혈행과 영양 보급이 양호해 진다.
③ 땀샘, 피지선의 움직임을 촉진시켜 땀, 피지의 분비를 높인다.
④ 외용제에 대한 경피 흡입 능력이 증대한다.

(3) 헤어 케어제(Hair care products)

　거의 매일 샴푸를 하며 모발을 정돈하기 위한 화장품 종류도 매우 다양하다. 모발 미용이 패션은 스타일과 기능에 맞는 화장품을 선택하여 부드러우며 윤기 나는 아름다운 모발을 손상되지 않도록 잘 관리해야만 된다.

① 샴푸제
　두피와 두발에 대기 중의 먼지로 인하여 부착된 때를 제거하고 비듬이나 가려움을 막는다. 두피, 두발을 아름답게 유지하기 위해 사용하는 세발용 화장품이다. 불결한 상태를 그대로 유지한다면 모발 손상 및 탈모 등의 생리 기능이 나빠지기 쉬우므로 충분히 제거한다. 특히 두피, 두발에 필요한 피지는 제거되지 않도록 적당한 세정력이 필요하다.
　샴푸는 두피, 모발에 지나친 탈지를 억제하고 적당한 세정력을 갖고 있어야 하며, 거품이 풍부하고, 지속성이 요구되며 모발에 광택 및 유연성을 주어서 빗질이 쉬워야 한다. 또한 두피와 눈에 대한 자극이 없어야 한다.

② 린스제
　세발 후 사용하여 모발에 부드러움을 줄 뿐만 아니라 세발·세척 후에 남은 잔여물을 중화시킨다. 아울러 모발의 표면 상태를 정돈할 목적으로 하는 화장품이다. 세발에 비누가 사용되고 있던 때에는 알카리와 금속비누를 제거하기 위한 제품이다.

Chapter **7**

대체요법과
두피관리

Hair and Scalp management

chapter 7. 대체 요법과 두피 관리

1. 기와 두발의 치료

 탈모 예방과 치료에는 스트레스를 줄이는 각종 방향(aroma) 치료, 마사지 치료가 있다. 그밖에 침술, 햇빛 등을 적절하게 이용하면 탈모 방지와 성장에 도움이 될 수 있다.

 머리카락의 건강과 아름다움은 곧 심신의 건강과 직결되어 있으므로, 건강한 머리카락으로 가꾸기 위한 노력을 게을리하지 말아야 한다.

 대체 요법으로 두피 관리에 사용하는 시술 방법은 크게 전통 심신 요법(傳統心身療法), 수기 요법(手技療法), 자연 생약 요법(自然生藥療法), 에너지 요법, 식이 요법으로 나눈다. 제7장에서는 이러한 대체 용법을 적용한 비반흔성 탈모의 관리와 예방에 대해 알아본다.

1) 두발과 기(氣)의 기능

 기(氣)의 상태에 따라 머리카락에 어떤 효능을 얻게 되는지 살펴볼 필요가 있다.

 두피에 기가 허한 상태가 되면 부착력이 없어져서 마치 까치머리처럼 들뜨게 되면 모발에 여러 가지 장해를 가져온다.

① 기운이 막혀서 울분을 억제한 상태와 같은 현상이 계속되면 머리카락에 부착력이 없어져서 마치 까치머리처럼 들뜨게 된다.

② 기운이 없으면 머리카락에 탄력과 힘이 없어져서 노인의 머리카락처럼 늘어지게 된다.

③ 기운이 뜨거우면 머리 밑, 즉 모근(毛根)이 아프게 된다.

④ 기운이 차가우면 머리 밑에서 찬 바람이 나게 된다.

머리카락에 나타나는 여러 가지 느낌을 통하여 사람의 신체 장부와 기혈의 상태를 점검하는 내용을 [표 7-1]에 나타내었다.

[표 7-1] 머리카락 상태와 장부 및 기혈의 관계

	머리카락의 상태	원 인	치료법
장부 (臟腑)	머릿결이 거칠고 메마를 때 머리카락이 노랗게 되거나 희게 될 때	간 기능의 저하 신장 기능의 저하	간 기능을 강화 신장 기능을 강화
혈액 (血)	머리카락이 메마르고 끝이 갈라지고 희게 될 때 머리카락이 황적색으로 변할 때 머리카락이 잘 빠지고 나지 않을 때 머리카락이 회백색으로 변할 때 머리카락에 때가 잘 끼고 축축하여 냄새가 날 때	혈액에 풍열이 발생 혈액이 뜨거움 혈액이 건조함 혈액이 차가움 혈액에 습한 열기가 많음	폐의 열기를 제거 심장의 열기를 제거 신장의 정액을 보충 간의 피를 보충 신장을 보호하고 위장 기능을 조절
기 (氣)	머리카락이 들뜨고 까치머리처럼 될 때 머리카락에 탄력성과 힘이 없고 늘어질 때 머리 밑(모근)이 아플 때 머리 밑(모근)에서 찬 바람이 날 때	기운이 막힘 기운이 없음 기운이 뜨거움 기운이 차가움	기운을 열어줌 기운을 보충 기운을 식혀줌 기운을 따뜻하게 함

2) 홀리스틱 미용 망진(望診)

최근에 두피를 기(氣) 및 경혈과 경락을 활용하는 요법을 사용하고 있다.

한의학에서는 온몸에 경락이라 하는 눈에 보이지 않는 기를 통해서 혈액순환을 촉진시킨다. 경혈에는 경락 요소가 있고, 경혈에 압력이나 열을 가하여 탈모 치료를 한다.

우리 몸에 361개가 있는 경혈은 스트레스를 줄이고 정서를 조절해주므로 신체 기능의 활력을 복돋아 줄 수 있다. 최근에 AMI(경락 장기기능 측정장치)가 개발되어, 신체에서 체질 자율신경 기능을 정확히 측정하여 두피 관리에 활용할 수 있다.

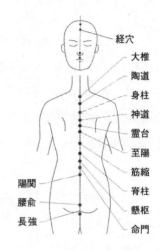

経穴
大椎
陶道
身柱
神道
霊台
至陽
筋縮
脊柱
懸枢
命門
陽関
腰俞
長強

[그림 7-1] 홀리스틱 망진법

3) 대체 요법을 적용한 비반흔성 탈모 관리 방법

기를 다스리는 훈련을 통해 인체의 신진대사를 촉진시키고 몸과 마음을 동시에 케어하는 오랜 전통을 가진 테라피로서 크게 명상, 미용 경락, 통혈 요법, 인디안 헤드마사지, 아유르베다, 힐링 요법 등으로 분류된다.

명상은 신경 조직을 평온하게 하고, 심장 박동을 감소시키고, 호흡률을 낮추며, 혈압과 신진대사를 원활하게 해주어, 또한 불면증으로 인한 긴장성 탈모도 명상 요법으로 개선될 수 있다.

그밖에 기공 요법에서 기는 유동성과 효능성을 가지고 있어 우리 몸의 혈액을 잘 순환시킬 수 있다. 즉, 몸 안에 존재하는 진액, 수액 등에 영향을 미쳐 기의 흐름이 막히게 되면 혈과 수도 흐름이 원활하지 않아 탈모와 염증성 두피, 지루성 피부염 등에 노출되기가 쉽다. 그 밖에 귀의 순간 자극법과 이혈 요법은 모발 건강에 도움이 되어 이마 앞의 전두부의 탈모 현상을 예방해 주거나 건강한 모발로 유지시켜 준다.

4) 두피 전체의 한방적 진단법

두피의 상태를 스스로 체크하여 어떤 상태에 있는가를 살펴보고 두피의 혈점과 얼굴의 혈점을 진단하고 치료 방법을 모색한다.

① 두피 전체를 손가락으로 누르고 앞뒤로 움직여 보도록 한다. 양 손가락의 지문을 이용하여 두피 전체를 누른 후 앞뒤로 움직여 본다. 가볍게 움직인다면 문제가 없으나 두피가 딱딱해져 잘 움직이지 않는다면 탈모의 위험성이 높다고 볼 수 있다.
② 백회(百會)를 눌러본다. 두정부에 백회라고 부르는 급소가 있다. 그 부분을 가운데 손가락의 지문으로 강하게 눌러 본다.

(1) 두피 혈점

① 신정 : 이마의 중앙 머리가 나기 시작한 정 중앙 점
② 백회 : 머리의 정수리
③ 두유 : 머리 양쪽 모서리 각진 부위에서 1.2cm 올라간 곳
④ 아문 : 뒷머리 중앙의 머리가 나기 시작하는 부위의 오목한 곳
⑤ 풍지 : 목뼈의 좌우 양쪽 근육의 바깥쪽 움푹 패인 곳
⑥ 천주 : 뒷머리의 아문과 풍지 중간에 위치

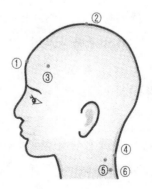

[그림 7-2] 두피 혈점

(2) 얼굴 혈점

① 승장 : 입술 바로 아래 턱 부위의 중앙선상에서 약간 들어간 부위
② 지창 : 입을 다문 상태에서 입 양옆의 약간 들어간 곳
③ 하관 : 귀 앞에서 코 쪽으로 약 1.5cm 부
　　　　위의 약간 들어간 곳, 입을 벌리면
　　　　들어간 자리가 없어진다.
④ 영향 : 코의 양옆 주름 있는 부위의 중앙
⑤ 거료 : 광대뼈 바로 아랫부분
⑥ 찬죽 : 눈썹의 앞머리 시작점
⑦ 태양 : 눈과 눈썹의 바깥쪽을 연결한 중앙
　　　　부위에서 바깥으로 약 1.5cm 부위
⑧ 정명 : 눈의 안쪽 약간 들어간 부위
⑨ 인당 : 양 눈썹 끝을 가로로 연결한 선의
　　　　얼굴 중앙 부위

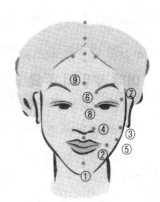

[그림 7-3] 얼굴 혈점

5) 경락

경락이란 기의 에너지가 흐르는 통로이고, 감정과 의식이 흐르는 통로이다. 동양에서는 경락을 케어의 핵심으로 생각한다.

경락은 기혈의 운행 통로로서 전신에 기혈을 연결하고 정상적인 인체 활동을 유지하게 한다. 경락의 '경(經)'은 세로의 흐름을 말하며, '락(絡)'은 가로의 흐름을 말한다. 경락이란 오장육부의 생명 에너지인 기(氣)가 흐르는 경락이라는 순환계를 말한다.

경락은 인체의 기혈(氣血)이 연행(連行), 통과(通過), 연락(連絡)하는 곳의 통로이다.

경혈이란 오장육부의 반응이 민감하게 나타나는 곳인데, 경혈을 자극할 경우 여러 장기에 자극이 전달되어 영향을 미치는 것이다. 각 장부 조직 기관에 영양분을 공급하고 피부,

골격, 근육을 아름답게 유지하게 한다.

우리 몸의 경락이 막히면 여러 가지 문제가 발생, 발병되므로 경락을 뚫어주는 것이 가장 우선되어야 한다. 먼저 기공, 명상 등의 여러 가지가 있으나 손으로 직접 경락을 뚫어주는 마사지가 가장 영향력이 크다. 우리 몸의 12경락 중 두발은 임맥 및 독맥과 관련이 깊다. 특정 부위의 경혈이 특정 질병 치유와 연관성을 가지므로 두피와 탈모 방지에 필요한 몇 개의 경락과 경혈만을 제대로 익혀서 반복적으로 두피 마사지를 하게 하면 효과가 좋다.

원형 탈모증에는 경혈을 자극하면 좋은 효과를 가진다.

2. 방향 요법(Aroma therapy)

아로마 요법(aromatherpy)은 식물에서 추출한 순수한 식물 오일을 이용하여 피부나 두발에 발라서 기능을 상승시키는 기능을 한다. 스트레스 해소 및 내장 기관의 균형을 회복시킬 수 있다.

에센셜 오일(정유)을 이용하여 마사지나 마찰, 흡입을 통한 피부 노화를 억제시키고, 피부 재생을 도움으로써 피부 미용에 탁월한 효과를 주는 자연 미용법이라고 할 수 있다.

방향 요법은 천연 향유, 정유, 약초(herb)를 이용하여 마사지, 두발 치료, 질병 치료 등 다양한 용도로 활용되고 있다.

허브(herb)는 향기 나는 풀 또는 약초를 뜻한다. 향기가 있고 몸의 컨디션을 조절해 주는 작용을 가진 식물이라면 허브의 범주에 들어간다.

고대의 허브는 치료 목적의 약초로 활용하였지만, 지금의 허브는 스트레스 해소, 방부, 항균 작용 등 다양한 방법으로 사용하고 있다.

특히 여성 탈모로 고민하는 사람이나 모발이 가늘어지고 탄력이 부족해 지면서 자주 끊어지는 사람들에게 효과적으로 이용될 수 있다. 허브는 소화 기능을 촉진시키고 신장과 간을 보호하는 한편 체내 영양분의 흡수율을 최대화시킴을 들 수 있다.

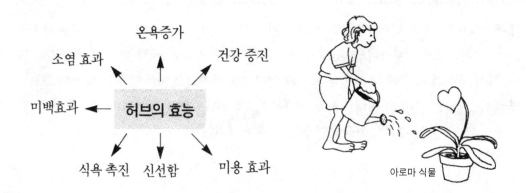

[그림 7-4] 허브(Herb)와 아로마의 효능

1) 허브로 두피를 건강하게

모발은 두피에서 영양을 공급받는 상황에 따라 모발의 상태가 결정된다. 모발의 상태에 따라서 허브 오일을 선택하여 두피를 마사지하면 보다 건강하게 유지할 수 있다.

(1) 모발이 건성일 때

머리를 감고 나도 윤기가 나지 않고 머리끝이 갈라지고 들떠 있는 느낌이 들 때 컴푸리, 라벤더, 마시메로, 파슬리, 세이지, 카모마일 등을 이용

(2) 모발이 지성일 때

기름기가 생겨서 모발이 들어붙어 있는 느낌이 들 때 로즈메리, 마리골드, 호스테일, 레몬밤, 라벤더, 민트, 서던우드, 워치 헤이즐, 셀서리, 레몬 그래스 등을 이용

(3) 비듬 제거용 허브

두피가 건강하지 못하여 비듬이 생겼을 때는 카모마일, 어니언, 파슬리, 로즈메리, 샌덜우드, 스칭잉 네틀, 타임, 알로에, 치커리 등을 이용

(4) 두피에 자극을 주는 허브

두피에 자극을 주어 두피의 혈액순환을 돕게 하는 캐트민트(꽃, 잎), 카모마일, 컴푸리, 재스민, 일랑일랑, 민트 등을 이용

(5) 두피에 대한 강장 작용

두피의 신진대사를 촉진시켜 모발의 재생 작용을 활발하게 돕는 마리골드, 호스테일, 라임 플라워, 나스터튬, 파슬리, 로즈메리, 세이지 등을 이용한다.

3. 모발과 아로마 요법

1) 자연 약초 요법

인체의 항상성을 높여주어 자연 치유를 유도하는 자연 약초 요법에는 대표적인 아로마 요법과 꽃향기 요법 등이 있다.

대부분의 아로마 정유는 항 박테리아, 항감염, 항진균, 진정 등의 특성과 근육을 이완시키고 혈액순환을 촉진하는 효능을 갖고 있어, 피지 생성을 정상화하는데 돕는다. 특히 염증성 두피를 청결하게 하는 효과가 탁월하다. 두피 마사지의 이용 방법으로는 아로마 오일 마사지, 방향 요법, 목욕법, 흡입법 등으로 다양하게 활용되어 쓰인다.

　아로마 테라피의 장점을 잘 응용하여 두피 마사지를 하는데 있어서 여러 가지 방법으로 활용되고 있다.

　두피와 모발 증상에 따라 마사지의 강도와 횟수, 시간, 그리고 사용하는 천연 재료와 추가되는 적용법을 달리하여 각 상황별 최대의 효과를 나타낼 수 있도록 하는 것이 일반 헤드 마사지와는 차이점이다. 여기서 아로마 오일 마사지의 장점을 정리하면 다음과 같다.

　　① 탈모 방지 및 완화
　　② 두통, 편두통 완화
　　③ 비듬 개선
　　④ 정신적인 우울, 불안, 불면 해소
　　⑤ 두피, 목, 어깨의 근육 긴장 완화
　　⑥ 기억력 증진 등의 뇌 기능 강화
　　⑦ 스트레스 완화
　　⑧ 혈액과 림프 순환 증진
　　⑨ 얼굴 근육 리프팅 효과
　　⑩ 해독 효과 증진

(1) 탈모 초기의 아로마의 기능

　탈모의 초기에는 아로마 오일 브랜딩을 적용한 자연 샴푸와 아로마 린스가 두피 건강과 모방 성장에 도움이 되며 탈모의 진행을 지연시킨다.

　그러나 세발을 제대로 하지 않으면 좋은 제품이 오히려 독이 될 수 있으므로 잘 헹구는 것이 무엇보다 중요하다. 자신에게 맞는 giddy법은 심신의 건강을 유지해 주므로 아로마 요법은 에센셜 오일과 케리어 오일을 함께 섞어 사용하며 아로마의 기능에 맞는 것을 선택하는 것이 중요하다.

[표 7-2] 정유와 식물성 기름의 증상

증상	에센셜 오일	식물성 오일
근육 경직	블랙페퍼, 시너몬, 타임, 로즈메리, 진저, 페퍼민트 등	호호바
스트레스	라벤더, 제라니움, 버가못, 오렌지, 일랑일랑, 바질 등	스위트 알몬드
불안, 불면	로즈, 네롤리, 라벤더, 로먼 카모마일, 샌달우드 등	애프리코트케널

(2) 모발에 아로마 사용 선택 방법

두피와 모발 전체에 골고루 도포하고 가볍게 마사지를 할 때 유효 성분들이 흡수되도록 한다. 이때 사용하는 천연 재료들을 [표 7-3]에 나타내었다.

[표 7-3] 아로마로서 자연성분 첨가로 사용하는 두피 재료

천연 재료	적용 증상 식물성 오일
알로에 베라	붉은 두피, 민감한 두피, 지성 두피, 두피의 열감
녹차	지성 및 지루성 두피, 두피 청소
생강	차로 우려서 첨가하면 두피 혈액순환이 증가된다.
레몬	피지 분비를 줄이고 살균 효과를 높인다. 레몬즙으로 몇 방울 첨가한다.
아보카도	과육을 으깨 모발에 골고루 바른다. 건성과 손상 모발에 효과적이다.
플레인요쿠르트	지성 두피용, 지방 함유가 적으면서도 두피에 영양을 공급한다.
그린 머드	독소와 피지, 노폐물을 흡착하여 두피를 청결하게 한다.

[표 7-4] 모발과 두피에 사용되는 에센셜 오일과 캐리어 오일

두피 상태	증상	에센셜 오일	캐리어 오일	기능
건성 두피 손상 모발	모발에 윤기가 없고 푸석하고 다공성이다.	페퍼민트, 레몬, 로즈	코코넛, 호호바, 아몬드	모발에 영양 공급과 수렴 작용으로 모세혈관 수축
민감성 두피	두피가 전반적으로 붉거나 옅은 분홍색을 띠고 있는 경우도 있다.	유칼립투스, 페퍼민트, 로즈우드	그리이프, 아몬드	면역 기능 강화, 상처 재생 효과, 진정 작용과 수분 공급
비듬성 두피	건성 비듬 혹은 지성 비듬으로 두피가 가렵고 비듬이 보이고 두피에 각질층이 생겨 각질 덩어리가 관찰된다.	주니퍼, 클라리세이지, 티트리, 시다우드, 라벤드, 렘몬, 페퍼민트	호호바, 아보카도	살균 효과, 세포 재생 촉진, 보습 효과, 림프 순환, 피지량 조절
탈모성 두피	모발이 전반적으로 가늘고 두피가 경직되어 있으며, 민감성 두피에 탈모 경향이 많이 관찰된다.	페퍼민트, 라벤더, 일랑일랑, 로즈메리, 바질	헤이즐렛, 칼렌듈라	림프 자극 신경계 강화, 세포 재생 효과, 모발성장 촉진, 혈액순환 촉진, 스트레스 완화

[표 7-5] 모발 형에 따른 향의 종류

모발 타입/특수 관리	헤어 케어 샴푸 및 오일 브랜딩
지성 모발	베르가못, 라벤더, 호호바, 식물유
두피 튼튼, 발모 촉진	라벤더, 주니퍼, 로즈, 제라늄, 일랑일랑, 호호바, 알로에베라
탈모증 예방	라벤더, 클라리세이지, 샌달우드, 로즈메리, 식물유
윤택하고 힘있는 모발	레몬, 로즈메리, 중성 샴푸

[표 7-6] 두피에 효능에 있는 약초

두피 모발 관리 효능	약초 성분
모발을 검게하는 효과	하수오, 구기자, 숙지황
두피 모발 혈액 순환, 영양공급	인삼, 뽕잎, 검은 콩, 흑임자, 벌꿀, 달걀, 녹차
지루성 두피 모발, 세정 효과	녹차, 달걀, 진흙(머드), 우유, 레몬
탈모증 개선 효과	당귀, 하수오, 숙지황
윤기있는 모발과 두피 효과	살구씨, 검은 콩, 흑임자, 우유
가려움증과 소염 효과	계피, 다시마, 알로에, 수박, 양파
발모 효과	측백나무
손상 모 회복 효과	다시마, 달걀노른자, 알로에

2) 마사지법

(1) 두피 마사지

혈액순환을 도와 두피에 활력을 주고 탈모 예방에 도움을 준다. 모세혈관을 통해 모발에 영양과 산소를 전달하고, 두피 속의 독소 배출도 촉진하면서 모발로부터 이물질을 제거하는 단계이다.

마사지의 목적은 피부 조직을 자극하여 퇴화를 방지하고 피부 신경과 피부 혈관을 자극하여 물질 대사를 촉진시켜 준다. 특히 피부의 기능을 지속 또는 회복시키는 데에 그 목적이 있다.

두피 마사지는 클렌징 전에 노폐물을 빼내기 위한 준비 과정이나 두피 근육을 이완시키기 위해서 스켈링 단계에서 시행하거나 트리트먼트를 간단히 하기도 한다.

두피 마사지의 효과는 긴장된 목과 어깨 근육의 통증을 해소시키는 가장 알맞은 방법이 된다.

① 근육의 뭉친 것을 풀어주어 기분을 전환시킨다.

② 근육의 응결된 혈액의 순환을 개선시킨다.

③ 목과 어깨의 만성적인 뻣뻣함을 해소시켜 준다.

④ 뇌로 산소의 양을 증가시키고, 림프액의 순환을 개선시키고 자극한다.

⑤ 모발의 성장을 촉진시킨다.

⑥ 불면증 해소에 도움을 준다.

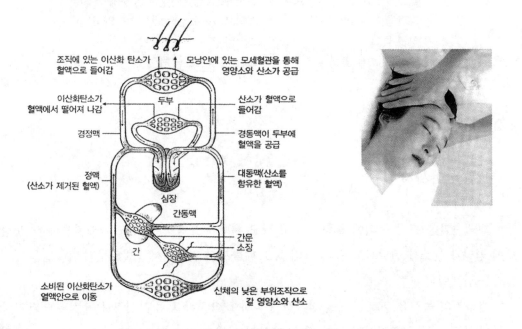

[그림 7-5] 두피 마사지를 하면 모낭으로 영양소와 산소 공급 촉진

(2) 지압의 중요성

지압이란 마비 혹은 통증이 있는 부위를 손가락 끝이나 손바닥으로 주무르거나 눌러서 통증을 완화시키는 인간의 본능적인 행위에서 비롯되었다고 볼 수 있다. 문지르기, 가볍게

두드리기, 주무르기, 쓰다듬기 등의 기법으로 손바닥이나 손가락 하부 조직의 힘이 근육 조직에까지 영향을 준다. 지압은 근육을 풀어주거나 피로 회복, 근육 회복에 효능이 있다.

3) 두피의 지압과 경락 작용

신체의 정상적인 생리 활동을 두부(頭部)에 있는 경혈을 중심으로 한 두피 마사지는 혈액순환을 촉진하고 세포를 활성화시켜 모발의 성장, 재생을 촉진하는 효과가 있다.

두부의 주요한 경락과 지압에 가장 적합한 부위를 찾아 적당한 수기 기법을 활용할 수 있다. 아울러 지압의 효과를 높이기 위해 지압의 부위와 손가락의 힘(압력)으로 경혈을 눌러야 한다. 같은 경혈이지만 몸의 컨디션에 따라 역효과를 가져오는 경우도 있으므로 세심한 주의가 필요하다.

두부와 신체에 경락이 흐르는 부분을 대부분 엄지손가락으로 누른다. 지압에서 경혈을 누를 때 지문 주위로 누르는 것보다 엄지손가락의 제2 관절을 사용하는 것이 바람직하다.

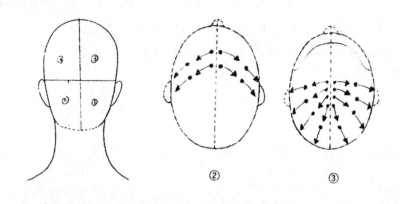

[그림 7-6] 마무리 지압 동작

두피 관리 마사지로 활용 가능한 미용 지압 요법, 타이 마사지가 있다. 수기 요법인 지압을 미용학적으로 개발한 미용 지압 요법은 근육에 부드럽게 손 자극의 영향을 주는 정적 요법이며, 통증을 기분 좋게 느낄 정도로 하는 것이 좋다. 마사지는 엄지손가락을 사용하는 법, 손바닥 전체로 지압하는 법 등을 활용하고 있다.

(1) 매니플레이션(Manipulation) 기술

① 어깨근육 릴랙스 마사지
두피로 가는 혈행은 어깨근육을 통해 후두부의 뒷목 부분과 흉쇄유돌근으로 많이 이동한다. 그러므로 손가락이나 손바닥을 이용해 근육 마사지를 통해 두피를 관리하는 것이 효과를 배가시킨다.

② 헤드 마사지의 목적

① 지각과 신경을 자극하여 혈액순환을 잘되게 한다.
② 근육과 분비선의 기능을 완성하게 하여 두피에 탄력을 주고 탄성섬유의 퇴화를 방지하고 두피의 건강 상태를 양호하게 유지시켜 준다.
③ 피로감을 해소하여 기분을 상쾌하게 하며 정신을 안정시킨다.

③ 헤드 마사지의 경혈과 침입점

① 두부의 정중선에 따른 곳(고타, 경찰, 유연법의 경우), 머리가 무거운 느낌이 들 때 효과가 있다.
② 관자놀이 근처에서 크라운을 향하는 곳(진동, 경찰, 유연법의 경우)

[그림 7-7] 두부의 정중선에 따른 곳

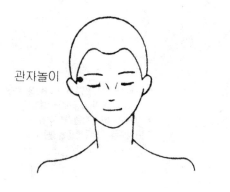

관자놀이

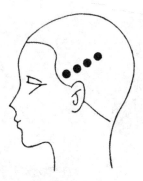

[그림 7-8] 관자놀이 근처에서 크라운(두정)을 향하는 곳

(2) 두피 마사지법

마사지 방법은 일단 주변부부터 중심부를 공략하는 형식으로 나가는 것이 좋다. 아침, 저녁 2회나 아니면 시간이 날 때 수시로 손끝 지문으로 통증을 느끼는 주변 부위에서 시작하여 통증 부위로 옮겨가면서 지속한다. 두피를 문지르거나 흔들어서 두피와 두개골을 떼어낸다는 마음으로 한다.

두피 마사지를 할 때 꼭 알아야 할 점은 ① 두피 마사지를 하기 전 스트레칭을 통해 혈행을 먼저 촉진시켜 주고, ② 어깨와 팔의 근육을 풀어준 후 다시, ③ 목 마사지를 하고, ④ 마지막으로 두피 마사지를 하는 것이 좋다.

처음에는 아프지만, 이런 마사지를 반복적으로 하다보면 통증도 완화되고, 조금씩 진피층이 올라오면서 쿠션감도 생기게 된다. 모발이 자랄 수 있는 토대가 형성되며, 독소까지 배출시킬 수 있다.

마사지를 할 때 리듬은 샴푸의 효과를 높여 모발을 아름답게 가꿀 수 있다.

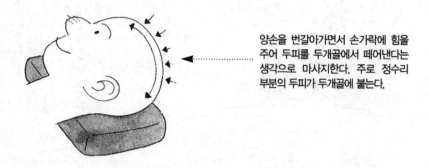

양손을 번갈아가면서 손가락에 힘을 주어 두피를 두개골에서 떼어낸다는 생각으로 마사지한다. 주로 정수리 부분의 두피가 두개골에 붙는다.

[그림 7-9] 누워서 두피 마사지하기

(3) 두피 마사지 3가지 기법

　　두 손을 사용하여 전두부(top : 앞머리 부분), 두정부(crown : 정수리 부분), 후두부
(nape : 뒤통수와 목덜미 부분), 측두부(side : 머리의 양쪽 옆 부분)에 골고루 경찰법, 강찰
법, 유연법, 진동법, 고타법 등을 활용한다.

　　경찰법으로 시작하여 강찰법, 유연법, 진동법, 고타법 등을 행하되 각 방법의 중간 단계
로 경찰법을 먼저 행하는 것이 좋으며, 마지막 끝내기도 경찰법으로 끝내는 것이 좋다.

　　하나의 방법을 실행할 때 같은 동작을 5회 이상 반복하는 것이 좋으며, 모든 방법의 동
작은 일련의 연속 동작으로 해야 한다.

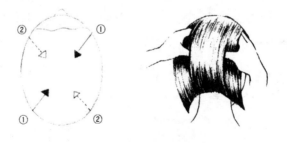

[그림 7-10] 압박법(compression)- 누르기

1 경찰법

　　경찰법은 손님의 기분을 가라앉혀 주는 듯한 느낌으로 양쪽 엄지손가락을 전두부에 합
쳐지도록 양손을 세운다. 그리고 엄지손가락을 빼고 네 손가락으로 가볍게 문지르듯이 양
쪽 측두부까지 쓸어 내린다. 그런 다음 중지로 관자놀이 부분을 가볍게 누르듯이 하여 손
바닥을 펴면서 두부 정상에 양손을 바꾸어 놓고 후두부로 쓸어내려 경부의 경혈을 중지로
누르고 손바닥을 위로 향하게 뒤집어서 조용히 중지를 떼어줌을 5~6회 반복한다.

② 강찰법

오른쪽 손을 오른쪽 귀의 위쪽에 가져가 새끼손가락은 관자놀이, 왼손 엄지손가락은 경혈행 부분을 손가락 끝으로 강하게 두피를 누른다. 그 다음 갑자기 손에서 힘을 빼면 그 힘으로 두피를 강하게 문지를 수 있게 되며 양손이 합쳐지는 곳까지 한다. 머리카락이 엉키지 않도록 부드럽게 손가락을 뺀다. 손의 위치를 바꿔서 동작을 반복한다.

③ 유연법

양 손바닥이 각각 귀가 덮이도록 놓고 양쪽 엄지손가락은 바닥 면에 가볍게 힘을 넣고 시구(視丘)에, 양쪽 새끼손가락은 관자놀이에 오도록 한다. 그 다음에 손가락 끝 전체로 다섯 손가락이 제각기 원을 그리듯이 머리 정상까지 비벼서 진동시켜 가며 주무른다.

모발이 당기지 않도록 부드럽게 손가락을 두피에서 뺀다. 이것을 5~6회 되풀이 한다. 엄지손가락을 두부 정상에서 오른쪽 귀의 앞부분까지 두피를 위와 아래로 문지르듯이 한다. 그리고 조금씩 작게, 같은 동작을 머리 정상에서 뒷머리 부분까지 반복해서 한다. 전과 같은 방법으로 머리 정상에서 왼쪽 귀 부분까지 주무른다.

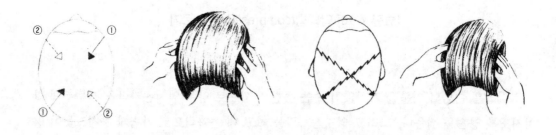

[그림 7-11] 유연법   [그림 7-12] 진동법

① 집어 튕기는 법 : 양손으로 두피를 쥐었다 놓았다 하며 짧게 튕겨준다.
② 진동법 : 오른쪽 손바닥을 오른쪽 귀 위쪽 후방에 놓고 왼손 손바닥을 왼쪽 귀 위쪽

전방에 대도록 한다. 양쪽 손바닥으로 진동시키면서 압박한다. 이러한 상태로 서서
히 손가락이 붙은 곳에서부터 차례로 손가락 끝까지 손을 돌린다. 그 후 머리 정상으
로 붙여서 머리 정상까지 오면 손가락의 등을 세워서 조용히 뺀다. 이것을 5~6회 반
복한다. 이어서 손의 자세를 반대로 바꾸고 같은 동작을 반복한다.

③ 고타법 : 양 손바닥 새끼손가락 쪽을 이용해서 왼쪽 오른쪽 교차로 두드린다. 앞머리
　중앙에서 뒷머리까지 내려가고, 또 앞머리까지 되돌아온다. 다음에 오른쪽 머리, 왼쪽
　머리를 지그재그로 옮겨가면서 앞머리에서 뒷머리까지 두드린 후 머리 정상으로 되
　돌아와서 둥글게 두드리고 끝낸다. 양 손바닥을 짝지어서 탁탁 소리가 울리지 않게 손
　등으로 두드린 후 양 손바닥을 합장하듯이 모으고 새끼손가락 쪽으로 두드린다.

④ 태핑(tapping) : 손가락의 바닥으로 가볍게 두드린다.

⑤ 슬래핑(slapping) : 손바닥으로 두드린다.

⑥ 커핑(cupping) : 손바닥을 움푹하게 컵 모양으로 만들어 퍽퍽 소리 나게 두드린다.

⑦ 해킹(hacking) : 손바닥을 편 채 소지의 옆쪽으로 두드린다.

⑧ 비팅(beating) : 살짝 주먹을 쥔 상태에서 통통 소리 나게 두드린다.

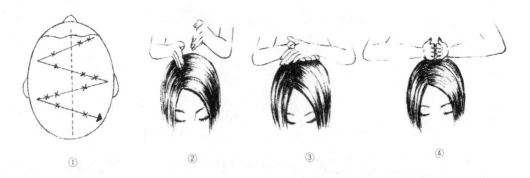

　　①　　　　②　　　　③　　　　④

[그림 7-13] 고타법

참고문헌

최근희 · 김순희 외, 모발 과학, 수문사, 2002

최근희 외, 모발관리 이론 및 실습, 수문사, 2001

김광옥 외, 트로콜리지스트 입문서, 청람, 2005

김한식, 모발이야기, 현문사, 2002

류은주 · 오무선, 모발과 두피관리 방법론, 이화, 2003

조성일, 두피&탈모관리학, 리그라인, 2004

강갑연 외, 모발 및 두피관리학, 광문각, 2004

김영숙, 두피모발관리학, 대경출판, 2006

김무영 · 송미라, 모발관리학, 광문각, 2005

황인면, 탈모방지 두피건강 육모방법, 얼과 알, 2002

김지현 · 김혜란 외, Trichologist, 한국두피모발관리사협회, 2005

이향욱, 헤어어드밴티지, 창솔, 2004

류은주 · 오강수, 인체모발생리학 이화, 2005

은희철, 모발생리학, 서울대출판, 2005

김금자, 모발과 한방생리학, 훈민사, 2005

大門一夫저, 장태봉 외, 모발대전과, 한국모발과학협회, 2000

이원경, 모발미용학, 청구문화사, 1998

김미옥, 모발 및 두피 손상요인에 관한 연구, 조선대학교 석사학위논문, 2003

이원경, 미용시술처치에 따른 두피 및 모발의 변화 연구, 한국미용학회지 5(2), 1999

전옥주, HAIR로 인한 lmage 創出 硏究, 명지대학교 석사학위논문, 2002

정연, 퍼머 · 염색 · 탈색 · 코팅 시술에 따른 모발의 변화에 관한 연구,
대구카톨릭대학교 박사학위논문, 2001

류은주 · 김애숙 외, 모발학사전, 광문각, 2003

예림 편집부, 두피모발관리사 새론(II), 예림, 2005

강경희 · 김한식, 예상문제모발상식, 현문사, 1998

이선재 · 김성진, 한국여성의 머리 양식사, 신광출판, 2004

임종삼, 모발과 피부건강법, 문학풍경, 2002

윤영전 외, 피부미용, 대한YWCA연합회 발간, 1996

이성내, 토털코스메틱, 차송, 2004

이향우 · 김주연 · 이연희, 피부과학, 광문각, 2004

전세열, 피부영양학, 정담, 2003

김경순 외, 모발관리학, 청구, 2002

윤여정, 신피부관리학, 가림출판, 2004

임종삼, 모발과 피부건강법, 문학풍경, 1996

이애순 · 이용일, 화장品학, 성인당, 2005

풀러버가운, 최지헌 역, 나없이 화장품 사러 가지 말라, 소담, 2004

전세열 · 홍란희 · 오유경, 미용해부생리학, 광문각, 2004

전세열 · 조수열, 인체생리학, 광문각, 2004

이점안 통증유발점 및 근막통치료, 영문출판, 2004

이숙경 · 전세열 · 이은우, 마스터 피부미용관리사(공중위생경영), 지구문화사, 2002

새리 심불릿저, 최기득역 예술가를 위한 해부학, 예경, 2005

윤천성 · 최은집 · 박영숙, 뷰티산업과 살롱경영, 훈민사, 2004

안미현, 고객의 영혼을 사로잡는 50가지 기법, 거름, 2004

강지용 · 전세열, 영양교육과 상담, 광문각, 2003

전세열, 평생건강관리, 태근, 2001

곽종옥 · 전세열, 보건학, 효일문화, 1996

전세열 외, 급식경영학, 지구문화사, 2003

이은미 · 전철 · 임희선, 毛 자라는 탈모책, 웅진지식하우스, 2006

대니얼 맥닐, 안전희(역), 2006

매리언J.리가도, 임직원(역), 이브의 몸, 2005

강경희 외, 모발상식, 현문사, 1998

곽형심 외, 모발 · 두피관리학, 청구문화사, 2003

곽희진 외, 미용과 영양, 청구문화사, 2004

김경순 외, 모발관리학, 청구문화사, 1995

김광옥, 트리콜로지스트 입문, 청람, 2005

김문주, 미용영양학, 훈민사, 2003

김민정, 모발 및 두피관리, 예림, 2005

김한식, 모발생리학, 현문사, 1997

이진옥, 모발과학, 형설출판사, 2004

장미희, 모발관리&가발, 예림, 2003

지상기, 모발미용과학, 정문각, 2000

최근희, 모발과학, 수문사, 2001

최근희, 모발관리 이론 및 실습, 수문사, 2001

鳥居健二: 育毛制の 現狀と 課題, 醫藥品部外科學, Fragrance, J.
Special issue, 1990

鳥居健二: 育毛制の 現狀と 課題, 醫藥品部外科學, Fragrance, J.
Special issue, 1990

Robbins, Clarence R, Chemical and Physical Behavior of Human Hair, Springr, 2002

Johson, Dale H., Hair and Hair Care, Helene Curtis, 1986

Wesern Beauty, College Standard Textbook of Cosmetology,
California Completely Revised, 1995

찾아보기

모발&두피관리학

2006년 8월 29일 1판 1쇄 인쇄
2006년 9월 5일 1판 1쇄 발행

옮긴이: 전세열 · 조중원 · 송미라 · 강갑연
이부형 · 윤정순 · 유미금 　공 저
펴낸이: 박 정 태

펴낸곳: **광 문 각**

121-130
서울시 마포구 구수동 42-2 영풍빌딩
등　　록: 1991. 5. 31 제12-484호
전화(代): 02)713-2122
팩　　스: 02)713-2125
E-mail: kwangmk@unitel.co.kr
홈페이지: www.kwangmoonkag.co.kr

ISBN : 89-7093-388-3　　　　　93590

정가: 18,000원